向内寻找

重塑你的安全感

马晓佳 著

湖南文艺出版社 HUNAN LITERATURE AND ART PUBLISHING HOUSE 博集天卷 CS-BOOKY

只有当我们和重要他人建立连接，而不是和他们疏远，

才能获得情绪上的稳定感和情感上的安全感。

生活中最大的幸福就是，坚信有个人永远在我们的背后爱着我们；

人生最大的痛苦是心灵没有归属，或者转身后没有什么期待，

不管你知不知觉，承不承认。

目录

CONTENTS

CHAPTER 1 什么是安全感

一只站在树上的鸟，从不会害怕树枝断裂，
它相信的不是树枝，而是它自己的翅膀。

CHAPTER 2 安全感从哪里来

每一种早期剥夺都会造成不同的症状群，
交集是不安全感及不安全感的泛化。

CHAPTER 3

不安全感的结果

人能享受兴奋、宁静、愉悦的生活，都是心底安全感的表现；人在成年后遭遇的所有问题，都是最初不安全感的变体、外化和泛化。

CHAPTER

4

如何获取安全感

像重生一样活着，就像第一次没有活好。

CHAPTER

5

五大科学心理量表

安全感有一个锚点，不会随着生活的起伏而变化，安全感永远都在向它的锚点回归。

CHAPTER 1

什么是安全感

一只站在树上的鸟，从不会害怕树枝断裂，它相信的不是树枝，而是它自己的翅膀。

01

安全感的测量

所谓测量，就是根据一定的法则给客体或事件的属性指派数字。

——托格森（Torgerson）

我们将讨论一个话题，聊一下什么是安全感，满满的安全感是什么感觉，以及如何补足缺失的安全感。我们在讨论中，有两个基本的假设前提：人能享受兴奋、宁静、愉悦的生活，都是心底安全感的表现；人在成年后遭遇的所有问题，都是最初不安全感的变体、外化和泛化。

但这是个很复杂的话题，会有很多背景知识，而且要聊很久，所以在开始之前，最好先确定一下你是不是需要它。请先花几分钟的时间完成 75 道是非选择题，来测量你的安全感，确定自己是不是真的要开始读这部不算太通俗的作品。

说明：请在 10 分钟左右完成，选择“是的”或“不是”。如果实在不好回答，可以选择“不清楚”，但尽量避免选择该项。

这些问题旨在测量自我的安全感，所以每道题的答案没有好坏之分。请对自己诚实，不必有任何顾虑，凭直觉回答即可。

马斯洛安全感量表①

No.	题目	是的	不是	不清楚
1	通常，我更愿与人待在一起，而不是一个人独处			
2	在社交方面，我感到轻松			
3	我缺乏自信			
4	我感到自己已经得到了足够的赞扬			
5	我经常感到对世事不满			
6	我感到人们像尊重他人一样尊重我			

① 这个量表比较老了，一般来说，老的都比较经典。国内好多人感觉“马斯洛”这个量表不准，答案有问题，实际上这是因为中英文语言习惯有差异。我们举个例子就能说明白。
Are you not thirsty? 你不渴吗？
Yes, I am thirsty. 不，我渴。
No, I am not thirsty. 是，我不渴。
英语中，否定疑问句的回答中，yes 可以翻译成“不”，no 可以翻译成“是”。本书按照汉语习惯做了必要的技术性修改。另外还有两点要说明：第一，有些题在汉语表述中似乎有些重复，这可没法改，我们不能破坏它的完整性；第二，原量表是反向计分，不符合中国人的认知习惯，本书给倒过来了，变成了正向计分，好理解，好操作。——本书脚注均为作者注。

续表

No.	题目	是的	不是	不清楚
7	一次窘迫的经历会使我在很长时间内感到不安和焦虑			
8	我对自己总体感觉满意			
9	总体来说，我不算个自私的人			
10	我倾向于通过逃避来避免一些不愉快的事情			
11	当我与别人在一起时，我也常常会有一种孤独的感觉			
12	我感到生活对我来说是公平的			
13	当朋友批评我时，我是可以接受的			
14	我很容易气馁			
15	我通常对绝大多数人都是友好的			
16	我经常感到活着没有意思			
17	总体来说，我是一个乐观主义者			
18	我认为我是一个相当敏感的人			
19	总体来说，我是一个快活的人			
20	通常，我对自己抱有信心			
21	我常常自己感到不自然			
22	我对自己不是很满意			
23	我经常情绪低落			
24	在与人第一次见面时，我常感到对方可能不会喜欢我			
25	我对自己有足够的信心			
26	通常，我认为大多数人都是可以信任的			
27	我认为，在这个世界上我是一个有用的人			
28	总体来说，我与他人相处融洽			

续表

No.	题目	是的	不是	不清楚
29	我经常为自己的未来发愁			
30	我感到自己是坚强有力的			
31	我很健谈			
32	我有一种自己是别人的负担的感觉			
33	我在表达自己的情绪方面存在困难			
34	我时常为他人的幸运而感到欣喜			
35	我经常感到好像忘记了什么事情			
36	我是一个比较多疑的人			
37	总体来说，我认为世界是一个适于生存的好地方			
38	我很容易不安			
39	我经常反省自己			
40	我是在按照自己的意志生活，而不是按照其他人的意愿			
41	当事情没办好时，我为自己感到悲哀和伤心			
42	我感到自己在工作和职业上是一个成功者			
43	我通常愿意让别人了解我究竟是怎样的一个人			
44	我感到自己没能很好地适应生活			
45	我经常抱着“车到山前必有路”的信念而坚持将事情做下去			
46	我感到生活是一个沉重的负担			
47	我被自卑感困扰			
48	一般说来，我感到还好			
49	我与异性相处得很好			
50	在街上，我曾因感到人们在看我而烦恼			

续表

No.	题目	是的	不是	不清楚
51	我很容易受伤害			
52	在这个世界上，我感到温暖			
53	我为自己的智力而忧虑			
54	通常，我使别人感到轻松			
55	对于未来，我隐隐有一种恐惧感			
56	我的行为很自然			
57	一般说来，我是幸运的			
58	我有一个幸福的童年			
59	我有许多真正的朋友			
60	在多数时间中我都感到不安			
61	我不喜欢竞争			
62	我的家庭环境很幸福			
63	我时常担心会遇到飞来横祸			
64	在与人相处时，我常常会感到很烦躁			
65	一般说来，我很容易满足			
66	我的情绪时常会一下子从非常高兴变得非常悲哀			
67	一般说来，我受到人们的尊重和尊敬			
68	我可以很好地与别人配合工作			
69	我感到自己不能控制自己的情绪			
70	我有时感到人们在嘲笑我			
71	一般说来，我在集体中是一个比较陌生的人			
72	总体来说，我感到世界对我是公正的			

续表

No.	题目	是的	不是	不清楚
73	我曾经因怀疑一些事情并非真实而苦恼			
74	我经常受羞辱			
75	我经常感到自己被人们视为异乎寻常			

评分方式：每答中一题计 1 分。注意：大部分选“不清楚”的都不计分，只有 4 个计分。

No.	是的	不是	不清楚
1	√		
2	√		
3		√	
4	√		
5		√	
6	√		
7		√	
8	√		
9	√		
10		√	
11		√	
12	√		
13	√		
14		√	
15	√		
16		√	
17	√		
18		√	
19	√		
20	√		
21		√	√
22		√	
23		√	
24		√	
25	√		
26	√		
27	√		
28	√		

续表

No.	是的	不是	不清楚	No.	是的	不是	不清楚
29		√		53		√	
30	√			54	√		
31	√			55		√	
32		√		56	√		
33		√		57	√		
34	√			58	√		
35		√		59	√		
36		√		60		√	
37	√			61	√		
38		√		62	√		
39		√	√	63		√	
40	√			64		√	
41		√	√	65	√		
42	√			66		√	
43	√			67	√		
44		√		68	√		
45	√			69		√	
46		√		70		√	
47		√		71		√	
48	√			72	√		
49	√			73		√	
50	√			74		√	
51		√	√	75		√	
52	√						

结果说明：

51 分以上，属于正常范围。

45～50 分，有不安全感倾向。

37～44 分，有不安全感。

36 分以下，具有严重的不安全感，即存在严重的问题。

好吧，如果你的分数在 51 分以下、36 分以上，你会愿意接着读下去，因为你将发现花时间讨论这个话题是很值得的。

02

安全感≠安全

I saw a man pursuing the horizon,

round and round they sped.

I was disturbed at this;

I accosted the man.

"It is futile," I said.

"You can never —"

"You lie!" he cried,

and ran on.

— Steven Crane[①]

① 我看到一个人在追逐地平线，他越跑越快。我感到很不舒服，主动跟他搭讪。"这是徒劳的。"我说。"你绝不可能……""你撒谎！"他大叫，继续跑他的。——史蒂芬·克兰

对于安全感，我们得说它有个深层的内在结构，而一个有机结构必然同时有内容和表象。安全感（feeling of security）是一种感觉（feeling），所以不同的人会有不同的定义，表面看起来都成立。

当我向人们解释说“你只是缺乏安全感”时，会遇到的第一个反讽式的回答是：安全感不就是钱包的厚度嘛。[①]

那么，设想你中了彩票的头奖，是否会感到安全感满满呢？美国科学家找了20个中了乐透大奖的人做了一次研究[②]，让他们填写主观体验，其中包括“你觉得你的幸福能持续多久？”，大部分人填的都是一生，最短的也有两年。的确，这些人的幸福指数在中奖之后瞬间爆棚，但6个月之后进行的追踪调查显示，有一半人的幸福指数已经回归到了之前的水平，到一年后他们的幸福指数几乎全部回到了之前的水平。所以就产生了一个术语称为“锚点”，生活确实变了，幸福指数确实曾经发生过波动，但有个锚点一直没变。[③]

---

① 这是潜伏期（小学阶段）受挫，所以折回并固着在前生殖器期（幼儿园阶段，又称为“性蕾期”）的表现，因为在幼儿园阶段，我们开始知道钱的价值。

② 美国的乐透大奖，不比中国的彩票奖项，最高金额是几亿美元。美国人似乎并不像中国人这样怕贼惦记，领个奖还得打扮成猪八戒什么的，或者至少戴个口罩。美国人领奖时往往携家带口地就去了，所以找到这些人做研究并不困难。

③ 另外还有一个故事，说明不合时宜地获得大量金钱实际上是一种灾难。1891年，有个叫查尔斯·威尔士的人在蒙特卡洛大赌场连续五次押中红色五号，赢光了赌场所有的钱，赌场就破产了。但这个幸运的查尔斯后来是在债台高筑的情况下酗酒而死的。横财变成横祸的情况，在中国也有发生。年轻人总想用赚大钱来弥补安全感的不足，但过早地拥有太多金钱的确可以摧毁一些人。

还有种回答是：如果我升职 / 有权力 / 有地位就有安全感了。[①] 那么设想你真的升职了吧，美国人同样对升职进行了研究，结果发现3~6个月之后，幸福指数也会回归到锚点。而在中国，如果通过非正常的手段获得了权力，还可能会应验那句老话：名不副实，德不配位，必有灾。

而且，追求权力是为了什么呢？为了将来挥霍呗，封妻荫子，将来儿子强抢民女也有筹码和资本啊。那为什么你的儿子会强抢民女呢？

这就引出了第三种回答：安全感就是有一个有钱有势的老爹罩着你呗。[②] 这貌似很有道理，但官二代、富二代、星二代们仿佛更加躁动，这种不安让他们总是急于发泄和破坏，所以吸毒、暴力和滥交的概率都高于常人。无可否认，他们都很安全，像野兽一样强壮，但他们往往冲动、富有攻击性，就像受伤的野兽一样不安，急于露出自己的尖爪和牙齿。

为什么会这样呢？他们到底想破坏什么呢？人在青春期都要经历一个象征性地取代权威（父亲或强势的母亲）的仪式才能长大。一代太有本事，二代就会绝望。他们渴望成长，结果遇到了一个绝对无法

---

① 这是停滞在了肛欲期（刚刚学会自己排便，但还没上幼儿园）的结果。
② 这是青春期（中学阶段）受挫，所以折回潜伏期（小学阶段）的表现。

逾越的玻璃板，这种绝望感只有被困的野兽才能体会得到。他们要成长，要冲破权威的束缚，但是他们发现自己无论如何努力都摆脱不了困境，于是恒久地停滞在了青春期，无法成人。成长受阻，积聚起来的生命原力无处可散，就会寻找另外的泄能口。于是成长的能量憋成了破坏力，试图毁坏世界，破坏自己。他们一生都在和这份不安做斗争，试图向自己和宇宙证明自己没问题，很强大，很健全。“你看，我其实是完整的，我是有价值的！”他们的内在世界就像无穷无尽的沙漠一样荒凉和躁动，总试图从破坏行为中寻找虚假的平衡，并一而再地一败涂地。

第四种回答：如果我有一个爱我的男朋友 / 女朋友，我就有安全感了。这样的回答并不离谱，但也不太靠谱。我们要先有安全感才能拥有亲密关系，而不能指望亲密关系来给我们提供安全感。搞错了因果关系，就像水中捞月，最后一场空（详见第 3 章第 3 节）。

第五种回答：如果我的能力很强，那我肯定就有安全感了。[①] 如果一个人的能力很强、很聪明，那在精神上往往会有一个病理代价。能力的基础是智力，智力的基础是学习记忆（learning memory），而

① 能力感是潜伏期（小学阶段）培养的精神素质，这是小学阶段受挫所以折回幼儿园阶段（前生殖器期）的表现。

亢进的学习记忆有一个太严重的后果，那就是容易泛化。泛化就是举一反三，触类旁通。当泛化的不是知识，而是情绪，结果就会是灾难性的。

和线性的理性思维不同，情绪总是枝枝杈杈、七零八落的。当情绪反应不再局限于最初的刺激物，而是延伸到所有类似和临近的事物，就会导致神经症性的问题，比如女孩失恋后开始对男人产生恐惧，甚至听到“男朋友”“恋爱”等词语都会汗毛竖起。学习记忆过度亢奋的人，也就是能力太强的人，是心理疾病的易感人群，因为非理性的恐惧情感也会泛化。任何不太聪明的人都能应付的挫折，对太聪明的人来说则会变成天塌地陷般的灾难。所以，天才并不像人们想象的那么美好，原始恐惧太容易泛化了。

原始恐惧的泛化

华生在1920年发表了一个个案，被试叫小阿尔伯特，一个11个月大的男孩。实验者把一只小白鼠放在他面前，小阿尔伯特对它充满了好奇。但当他伸手去摸小白鼠时，实验者在他身后猛击铁棒发出刺耳的声音。反复数次后，再把小白鼠放在小阿尔伯特面前时，他开始对它产生畏惧、退缩的反应，即使不再敲击铁棒，小阿尔伯特也会对置于眼前的小白鼠感到畏惧，退缩并迅速爬离。

这种情况还没完，最后小阿尔伯特对任何柔软的、带有白色皮毛的对象，包括兔子、毛大衣、白头发、圣诞老人面具上的白胡子等，也都产生了畏惧反应。

很大的声音是天生吓人的刺激。小白鼠本来不会令人产生畏惧感，它只是一种中性的刺激或无关刺激。当小白鼠和铁棒的刺耳尖锐的声音配对重复出现后，小白鼠本身即能引起当事者的焦虑和恐惧，负面情绪还波及了所有与小白鼠有类似属性的事物。条件反射形成了，恐惧泛化了。

有一种现象叫作第十名现象：班上中上游的学生，将来会成为社会的栋梁；班上中下游的学生，将来会成为幸福稳定的人；在学校里考第一名的学生，在职场上的表现低于80%的同学。天才和弱智共享四个特点：第一，以自我为中心；第二，偏执；第三，社会适应不良；第四，易感心理疾病，又特别难治愈，他们自认为独立完整，然而逻辑思维常自己钻进死胡同，如鬼打墙一般走不出来。上帝不会既开窗又开门的，如果你发现一个人很完美，既聪明又漂亮，情商和智商一样高，那好吧，逆天者非神即妖。所以，如果你智商中等，那最应该对自己说："谢天谢地，咱不是天才，所以是正常人。"

第六种回答：如果我不会死，那就安全了。[①]但死亡本来就不可避

①这也是小学阶段受挫折回幼儿园阶段的表现，在小学阶段我们开始知道什么叫作死亡，而在幼儿园阶段之前，我们都相信自己是永生的。这种回答一般来自四五十岁的中年人。

免，恐惧死亡本就是庸人自扰，而更重要的是，死亡并不像人们想象的那么恐怖。有研究员做过一个濒死体验的项目，发现诸多“死”而复生的人，虽然体验各不相同，但有两个共同点：第一，都看到一个洞；第二，都感觉很愉悦。有信仰的人不会惧怕死亡，中国人很怕死。埃及人和中国人几乎完全对调。一次去埃及，我发现一个奇怪的现象：所有的纪念物都是为死人准备的。我就问导游“到底有没有给活人准备的纪念物”，回答是“没有”，解释是“埃及人认为活着的日子，只不过是一小段时间，凑合凑合就过去了；之后的岁月才是真正的过日子，所以无论如何都要攒下一些钱财，为那永恒的生命做好准备”。

第七种回答：如果我没有遇到那个坏人、遭遇那个创伤，现在就不会这样了。的确，遭遇“生活事件量表”（LES）[①] 中的天灾人祸，会让人的安全感瞬间下降。经历过创伤性事件的人，比如车祸后断手断脚的人，当时报告心理感受时，大都觉得自己会悲伤一辈子。但是，一年之后，一半人就都已经恢复到了锚点。谁都有痛苦的时候，没事，时间会帮我们化解那些自己化解不了的问题。问题总会淡化，想想那些随着时间的流逝慢慢烂掉的桌子，即使是石头，经历过风吹日晒雨

① 可参照《常用心理评估量表手册》，戴晓阳主编，人民军医出版社。也可参照第 5 章第 4 节的“生活压力自检表”。

淋，到最后也总有崩裂的一天。安全感总会回归到锚点，只是时间的问题。

另外，任何形式的生活变化都需要个体动用机体的应激资源去做出新的适应，因而会产生紧张。所以正性事件和负性事件都是生活压力。喜悦也是让人疲惫的，想象一下无限制的喜悦吧。恋爱也是，升官发财也是，突然暴富也是……在探索意义和价值时，总是必然引起人类的内在紧张，压力就是这么来的。戴隆基斯（Delongis）在1982年做过一个统计实验，对100个成人做连续9个月的追踪研究。结果显示：被试的身心健康状况和小困扰出现的频率、强度相关系数很高，和生活大事件的数目、强度相关系数较低。

还有一种表象是：我很矬，我不行，我很丑……实际上“白富美”和“高富帅”看心理医生的非常多，这些人的童年过得一般都不怎么好，成年之后出现心理问题的可能性几乎是100%。

一般人总认为安全=安全感，“大家要什么，我也要什么，我只是希望得到的比别人多一点，这样我就安全了”。但安全并不能带来安全感，安全是随时可以失去的，绝对意义上的安全只在哲学层面上有效。而安全感是永恒的，不应该随着外界的变化而丢失，它不会毁于火灾、男人（女人）或盗窃，虽然会起伏飘忽，但永远都在向锚点回归。

把安全等同于安全感，就会遇到欲望悖论。人的欲望是会不断变化的。得不到所以没有安全感，得到了呢？我们很快就会习惯已经得到的好，认为好的是应该的，还有很多不好的是不能忍受的。所以，安全感并非人们认为的金钱、职位、智商、寿命、追到男神 / 女神、买到最新款 iPhone、有车有房、学历高、身材好、肤白貌美等，即使满足了，缺失感也永远都在。这就是人性，人性没变，锚点也没变。这还像父母对孩子的要求一样，孩子刚出生的时候，人们会说孩子平安就行；长大些后，会说孩子健康就行；后来就说这个孩子比别的孩子成绩好一些就行；再后来就说这个孩子能养我就行；后来又说了，这个孩子没出息可不行……永远都有更高一层的欲望等待被满足，让精神质量不断地回归到锚点。

追求安全而不是安全感，就像公牛在追红布。人们让自己像公牛一样撞向钱包，甚至 WiFi 的格数、电池的电量等，他们试图让自己相信，只要撞到了那块红布，一切就“OK”了，于是永恒地向红布撞去。结果要么撞不上，要么每次都发现只是撞到了一场空。他们还像玻璃上的蜜蜂，明明撞错了方向，却老感觉前途光明；明明看到了光明的前途，却找不到出路。

世界是客观的，也是主观的，主观和客观很多时候都是分离的。罗杰斯的现象场（phenomenological field）理论，特别重视主观的体验，主观体验的标准就是“我感觉到了那才算，我感觉不到的都不算”。所以，安全≠安全感。

主观感觉和客观存在的分离

人们喜欢用什么颜色的杯子喝清凉的饮料？科学家做过一个实验（Gueguen，2003），取大小相同、温度相同、口味相同，只有杯子颜色不同的四杯饮料，随机分配给被试，让被试主观评价喝哪种颜色的杯子里的饮料感觉最凉快。

结果如下：

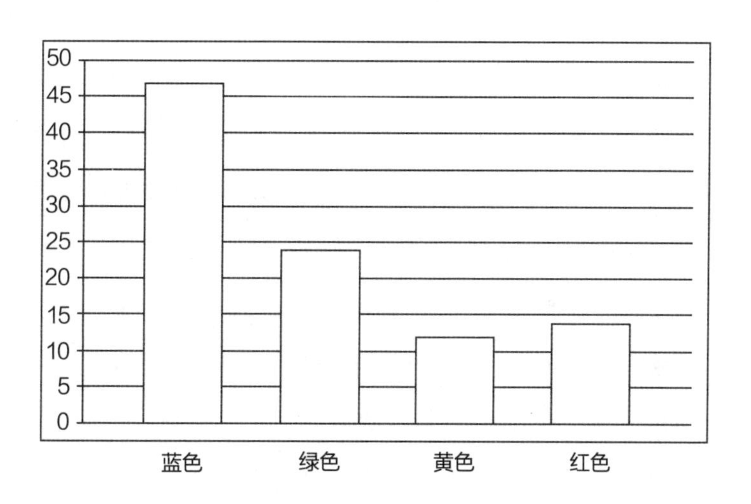

科学家还发现，如果要突出甜味，就用红色、橙色、黄色的杯子，突出咸味则用白色，喝啤酒最好是用透明杯子，如果杯子有颜色，啤酒的味道就不一样了。

有人看了上面的论述，说自己真的很有安全感。他们淡泊名利，心无所求，忍辱负重，“无须期待，让一切自然而然地发生”。这不是安全感，这是囚笼癖，把自己困住了。亚历桑德罗·佐杜洛夫斯基说："在笼子里出生的鸟，认为飞翔是一种病。"[①]它们不愿走出自己的笼子，认为笼子就是保护罩，那里才是安全的。这就像斯德哥尔摩受害者不愿跑，或者美国黑人刚刚解放时不知所措一般，做惯了奴隶的人，认为自由是一种损失，并为自己编造出很多美好的理由。有时候，自由当然有自由的代价，但心牢中的安全感只是一种自虐快感，没有任何现实基础。

离开沉闷的单位去创业，到国外留学，找个人好好爱他/她并被爱……想象一下这些都是那么恐怖，还是安于现状比较好。如果笼子消失了，安全感就会消失，他们实在不知道该怎么过更好的生活，所以待在笼子里最安全。"淡泊名利""无法动情""忍辱负重"，大抵都可归为囚笼癖中的自虐快感。一旦残害自己的东西消失了，或者打开了心牢，安全感就没了，那还不如继续带着紧箍咒更舒服一些。任何打开囚笼的尝试，都是对安全感的威胁。

另一些人容易被打鸡血或灌鸡汤，读了上面这两段话后，决定摆脱囚笼。于是他们从一个公司跳到了另一个公司，从一个人的床上跳到另一个人的床上，从一个国家跑到了另一个国家，尝试和另一个种族的人恋爱……却发现问题越来越糟，那个笼子只是换成了一个无形的形式，一直如影随形，他们从未跳出去过。他们一直在路上，逃跑

---

① Birds born in a cage think flying is an illness.

的主题一直没变。他们摆脱了表面的囚笼癖，却发现自己在面对更大的套子时更加无力。

请记住：安全感对于心灵，就像雨水落入大地，毫无痕迹。凡是有痕迹的都不是安全感，无论物质上的安全、囚笼（包括自己给自己设置的心牢）中的安全还是逃跑中的安全。

一只站在树上的鸟，从不会害怕树枝断裂，它相信的不是树枝，而是它自己的翅膀。

——匿名

03

每个人都是独一无二的个体

心理学是理科，但不像物理、化学那样科学。心理学中没有定律、定理、公理、法则，只有理论、主张、学说、主义。如果一个理论能够有 30% 的解释量，那它就可以像弗洛伊德的理论一样名垂千古了。就算巴甫洛夫的经典条件反射也只对狗最有效，用猫做实验效果就非常差。

——孙向东

我们每个人都像一只蜗牛，蜗牛感受到的不是世界本身，而是自己的壳。我们感觉到了这个壳，但误以为它是世界。安全感来自一个无形的壳，世界本身是否安全，其实并不十分重要。

如果壳裂了或太薄，蜗牛就会感到不安，但它会把世界解释为不安全的，心会选择长出刺来，像一只刺猬，在受到假想的伤害之前先刺伤别人，或者就像竖起了一个“切勿靠近”的警示牌。野兽也是这样，它受伤后会感到不安全，“仇恨范围”就会扩大，在他人靠近之前先把牙齿准备好，或者四处出击到处咬人。一只受伤的野兽，甚至会伤害和攻击过来送食物的配偶，因为它觉得什么都不安全。

安全感都是自己的问题，一般是因为自己有伤，壳裂了或太薄。如果把人比作蜗牛，把安全感比作蜗牛壳，会让人联想到闭塞、抗拒、心中的囚笼，那我们就换个比喻，我们可以把安全感比作地球的大气层。月亮没有大气层，所以撞上去的陨石把月球表面撞得坑坑洼洼的，但是地球不一样，陨石会和大气层发生摩擦，燃烧，变成气体，即使有一些较大的陨石没有被烧光，也会变成一块小石头，在地上只能砸出一个小坑。人的安全感，就是地球的这层气墙。

安全感到底是什么？其实我们给不出一个确定的定义，每个人都有自己不同的定义，自己的定义比任何科学意义上的定义都更加准确。每个人都是独一无二的个体，你的柔软、你的坚强、你的悲伤都是独一无二的，不是哪个大师的哪个定义能够完全贴合的。

关于“气墙”的建立，会有某些比较稳定的规律，人们在历经变化后仍能保持对它们的特殊认同。但是对这种规律的一劳永逸的探索，又不像列维－施特劳斯想确立人类心灵的基本文法规则时一样，实际上这种尝试常归于失败。

心理学是门落后的科学，经验永远都走在理论之前，所幸的是新的经验总能催生新的理论。一代代的心理流派都从自己的角度进行解释，适用的人群不同，所以我们要把主要的理论都浏览一遍，这样才能找到那个或那些比较适合自己的。

我们将浅尝医学心理学（把人当作化学物质和细胞组织看）、行为主义心理学（把人当作动物看）、精神分析理论（把人当作小孩看）、认知主义（把人当作独立的理性人看）、人本主义（把人当作感性人看）、格式塔心理学（把人当作一个有机结构看）、社会心理学（把人放进社会环境中看）等不同角度。其中，人本主义和精神分析理论讨论安全感比较多，所以也是本书的重点。中国研究安全感比较多的是丛中和安莉娟[①]，他们认为安全感是指对可能出现的对于身心的危险的预感以及个体在应对处置时的有力或无力感，主要表现为“确定掌控感”（基础安全感）和“人际安全感”两个因子。

值得注意的是不同的观点可能交织，也可能不搭调。比如精神分析强调“发泄”的功能，认为里比多泄能是至关重要的，但认知主义则反对“发泄”，认为那是不健康的，应当禁止。而在“可以发泄”和“不准发泄”之间还有一种森田疗法，它认为发泄和不发泄都是错的，“顺应自然，为所当为”就好了，也就是让皮球自己跳，它跳够了自然就停了，你越理它，它就越来劲。

有一些心理学家的风格可能是这样的：大脑的边缘系统内部存在

① 详见《常用心理评估量表手册》，戴晓阳主编，人民军医出版社。

着奖赏回路，它是情感、内驱力、冲动和下意识决策的中枢，多巴胺能激活此回路从而驱使我们采取行动。安全感缺失就是多巴胺受体不活跃，体内的皮质类固醇[①]增多，尿液中的白蛋白指标不正常，植物神经紊乱导致身体感受异常，或者心跳、血压、脉搏等异常了。问：为什么印度的甘地总那么心平气和，领导了“非暴力不合作”运动？他们不会告诉你他有高尚的人格和情操，而是告诉你他爱喝一种名为 Sarpaganda[②] 的印度饮品，就像我们喝茶一样，利血平就是从中提取出来的，用以治疗躁狂症，让人心情平静。这是医学心理学的风格和角度，它可以说是最科学的，代表人物是阿尔维德·卡尔森。

第二种心理学家会说：人不是只有化学和组织层面的东西，人是有理智的动物。大脑加工信息的过程，就像计算机处理数据一样。人有责任也有能力设定自己的人生程序，个体的安全感取决于自己的选择。这是认知主义心理学，是一个最简单、粗暴、表面的角度。代表人物是艾利斯。

第三种心理学家会说：人怎么想其实并不重要，怎么行动才是关键。有时人的行为和意识是脱节的，意识看不见、摸不着，所以是不重要的，心理学应该只研究行为和条件反射。这一派称为行为主义，代表人物是巴甫洛夫、华生、斯金纳。

---

① 引起压力的一种物质，同时是合成激素的原料。
② 蛇根木，又称为印度蛇根草。

第四种心理学家会认为：行为和意识都太肤浅了，最重要的是人的主观体验。你想什么并不重要，重要的是你的感觉。安全感是人格的重要组成部分，是成长的核心内容，是仅次于生理需要的地基。当有人无条件关注你、接纳你、尊重你，慢慢地你就有安全感了。这一派称为人本主义，代表人物是马斯洛和罗杰斯，而哈洛是马斯洛的老师。

精神分析学派会这么说：当下的主观体验都是症状，是表面的东西，病因从不会被轻易感知。精神分析并不解决时间和空间的距离可以起作用的问题，它认为能自己觉知到的，都不是潜意识，那些无论如何都想不起来的东西才是安全感的基础。人是由本能和早期环境设定的，如果前边的地基没打好，那就需要把房子拆了重新盖一遍。成功的关键在于发掘不安全感的早期根源，找人陪着你再次走完成长的路程，重新生养你一次。代表人物是弗洛伊德、埃里克森、霍妮、弗洛姆。

对人生早期的缅怀，是全人类共有的现象，但从来没有谁像精神分析学派一样，把人追溯到吃奶的时候，甚至子宫里头。精神分析学派讲安全感，不是泛泛地罗列几十项不安全感的根源然后提出老生常谈的补救方法，而是近乎千刀万剐式地切割，把人格系统地打开，进行扰动和搅动。但是当精神分析奏效的时候，人面临的是自己血淋淋再次被揭开的伤疤，潜意识中一般总会有直接的冲突，抗拒任何改变。所以神经症患者都有否认病因的倾向，会刻意避免正视问题，弗洛伊德称其为“阻抗”：人的内心其实是抗拒的，所有挡住我们的都是好事，都是绝佳、动人心魄的理由。[①] 当内在的囚笼被当作安全感的保护罩，阻抗会尤其严重，因为蜗牛没了壳会死。

格式塔心理学把人当作一个整体来看，认为人是一个有机结构，充足的安全感就是这个结构很稳定，没有失衡，能量分布没出问题。如果要让安全感回归，自我统一、自我整合就行了。代表人物为苛勒，但精神分析学派的荣格也是这个观点。

社会心理学会说：人都有融入别人中间，与他人建立关系的需要。人不是独立的个体，而是社会性动物，安全感来自稳定的社会情感，又是所有社会情感建立的基础。要获得这种以不变应万变的力量源泉，需要到人群中去。代表人物是班杜拉，以及所有主张团体治疗的心理学家。

当然，我也会提出一些自己的观点，比如安全感的反面是焦虑（对未来不可控的危险产生的负面情绪）、抑郁（自责倾向、绝望感）和敌意（责他倾向）；安全感的载体是重要他人，要恢复安全感就要找到新的重要他人，和他们建立连接，建立连接就是动情，无论亲情、爱情还是友情；安全感的投放部位是背部，最直接的疗愈方式是背后的拥抱、短期的非单独远行……

你是独一无二的，所以绝对无法接受所有的角度。有一些角度，

① 阅读本书的时候，当你无法接受某个观点，觉得太幼稚时，请折回此处。

你可能会无动于衷，就像有人送我一罐法国辣酱，很高级，很贵，但是冲牛奶的时候我就绝对不会用。但我觉得这么多角度中，总会有那么一个或两个让你一见钟情，挠动你心脏的神经末梢。也许本书的最大价值不是从根本上解决问题，而是让你把每个鸡蛋都咬一小口，确定自己最喜欢的角度，从而深入地了解心理学的各种理论和方法，开启并完成自我疗愈的过程。

CHAPTER

2

安全感从哪里来

每一种早期剥夺都会造成不同的症状群，交集是不安全感及不安全感的泛化。

01

闪回：记忆的自动提取

韦小宝忽想："哪知道今日居然有亲王、王子、尚书、将军们相陪，只可惜丽春院的老鸨、王八们见不到老子这般神气的模样。"

——《鹿鼎记》

人的问题有个很有意思的地方，那就是滞后反应，前期会铺垫一些事情，当时不会显现出来，到后期才会显现出来。向"前"找原因，这个方向是对的，也就是说原因肯定是有的，而且在结果出现之前，有的在三五年之前，有的在二三十年之前，所以找起来很费力。这就像盖楼房，如果它摇摇欲坠，问题可能在地基，也可能是哪一层的承重墙没搭好。安全隐患往往在那些你觉得不重要而且无论如何都想不起来或不愿想起来的地方。

现在闭上眼睛，全身放松，待一会儿。闭上眼睛后，你是置身于过去的年代和经历，还是当下的情绪和体验，抑或如电视没有信号时满眼都是雪花？我们在无聊的时候，或者发呆、走神、痛苦、兴奋、喜悦时，视相（vision）中总会出现一些特定的人或场景，我们会靠这个经常若隐若现地恢复的视相来肯定自己的存在。

> 脑神经学家怀尔德·格瑞夫斯·彭菲尔德（Wilder Graves Penfield）对大脑活动做了深入研究，他用电流刺激大脑皮层的不同部位，发现刺激右侧颞叶时，人的记忆量会大大提高，很多琐事都会浮现。这些琐事会历历在目，就像在放映录像带。每个事件都具备原始场景的所有细节和情绪，人会嗅到从前闻到的气味，听到从前听过的声音，看到从前看见过的颜色……
>
> 发生在我们成长过程中的每一件事，包括无数我们以为已经遗忘的时刻，都被记录和保存下来。彭菲尔德认为，颞叶和间脑的环路是人类记忆的主要区域，它就像一个录像机，把人的全部经历毫无遗漏地记录下来。虽然平时人主观上意识不到，但它的确存在，且可以异常逼真地再现。

我们都知道经历过天灾的人，会患有创伤后应激障碍（PTSD），不断地闪回（flashback）到曾经的场景，不断地重新体验当时的那一幕，真真切切。其实，普通人在一般的时候也一直都在不断地闪回，闪回到之前那些创伤性或愉悦性的体验之中，只是一般没有那么逼真，而是半藏在水面之下，起起伏伏，若隐若现，模糊又真切。人都会回溯，这种回溯无时无刻不在意识的水面上起伏，不知怎的，曾经的画面和曾经的感受就自己跑出来了。生活中所有的波动，都会被拿回去和曾经的那些感受进行对比，而且无法超越当时的感受。《鹿鼎记》中，韦小宝第一次见吴应熊时，看到自己这么威风，他心里想的其实是在丽春院里的生活："哪知道今日居然有亲王、王子、尚书、将军们相陪，只可惜丽春院的老鸨、王八们见不到老子这般神气的模样。"

> 你会不会这样，有些地方，你一辈子再也不想回去，有些人，再也不想遇到，有些电话，从此就想 delete（删）掉。但，没有办法，对不对？就好像有些事，你以为你早已忘记，没想到，却影响你一辈子。
>
> ——《爱的发声练习》

还有一些经历深深地潜藏在海底，海底布满了未知的恐惧和宝藏。当深海物种浮出水面，我们会惊讶：怎么世界上还有这种东西！当宝藏被打捞上来，我们会惊喜：想不到啊，这里还有这些东西。

我们并不是今天的自己，而是背负着从出生开始（甚至出生前）所有的情绪体验。那些体验一直都在，从未消失，或休眠或躁动。

闪回都是记忆的自动提取，不是有意为之，不知怎的，那些记忆就自己回来了，你还没意识到，就做了那件事情。

回忆有两种独立的提取过程——有意提取和自动提取，这是两种分离的加工过程，彼此独立互不干扰。

图尔文（Tulving）发现，脑损伤病人KC可以对一般事实进行记忆，比如自己的车是什么牌子的，但无法记起整个事件，比如一次开车出行的经历。丹尼尔·夏克特（Daniel L. Schacter）提供的案例中，病人无法回忆出一般事实，比如历史事件和著名人物，但是可以细致地回忆起自己过去生活中发生的具体事件，比如一场婚礼。

图尔文提出的多重记忆系统说，称记忆由多个不同的子系统组成，每个子系统又都有若干个特定的加工过程。无意识记忆是一种新的记忆系统的功能，也就是内隐记忆。

我们情绪一激动，就会闪回到小时候去，热爱、愤怒、悲伤、恐惧的对象，并不是当下的对象，而是和藏在无意识领域的曾经的对象发生了叠加。其间我们是没有觉知的，这种叠加是自动的，不可抗拒的，是一种不由自主的、不自觉的、被动的、抵抗不住的、由不得你的结果。如果你存下的都是愉悦的回忆，那么眼前的对象就是令你愉悦的，如果你保留的都是悲伤的回忆，那眼前的这个人很可能（或一定）会让你再次悲伤。

罪犯们往往也会回溯，体验那时候的创伤，然后施害他人，仿佛是为了在另一个对象身上象征性地进行复仇。小孩子总被训话，羞愧地被父母师长指指点点，二三十年后经历任何大事时，就都会闪回到那个时候，感觉自己就像站在了聚光灯下，被人指着鼻子说："小屁孩，你不行，你是个废物！"其间，那些经历并没有进入意识层面。

接到多年前的老友的电话，我们会喜不自胜，原因不是他们可以带给我们什么物质上的支持，而是我们在他们身上储存了愉悦生活的无意识记忆，这些老友稳定不变地给你提供过安全感。这时候大家都会闪回到愉悦的小时候去，卸下心防，不会谨言慎行，不会察言观色，自由地想到哪儿就说到哪儿，空气中弥漫着愉悦而非紧张的气氛。

到了晚上，一个人做梦，一开始的梦是关于近期的，后来就回溯到小时候去了，到黎明基本上又回来了。弗洛伊德曾在七八岁的时候被父亲责骂："这孩子这辈子怕是废了！"于是他一生的梦中，都在向父亲罗列自己的成就，好像要说："你看，我其实是个大人物呢！"他梦中这一幕便是对儿时那一幕复仇的结果，但除了在梦中，他其实并不知道自己一直在这样做。在《梦的解析：最佳译本》[1]里还记录过这么一个故事，一个作家总是梦到自己做裁缝时的日子。

> 我白天作为一个非著名的学者和作家存在，但很多年来，我在晚上还是一个裁缝。我艰难地活在那种逼真的阴影里，就像一

①《梦的解析：最佳译本》，弗洛伊德著，三月半、鲍荣译，湖南文艺出版社。

个无法逃掉的鬼魂。

倒不是我长时间地或非常强烈地在白天回忆过去的事情，一个脱离了低级趣味准备好战天斗地的人有很多别的事情要考虑。当年我还是个乐观的年轻小伙时，从未琢磨过晚上做的梦。只是后来，当我形成习惯，对所有事情都要想一想时，或者当我内心的市侩开始骚动时，我就会突然想到（也就是梦到），我一直以来只是个裁缝学徒，已经在师傅的店里做了好长时间，从未领过工资。我坐在他旁边，缝纫熨烫。我感觉自己完全不属于这里，作为镇上的公民，我还有别的事情要做。但他总能给我放一天假，让我去乡下玩，所以我一直坐在师傅旁边，给他帮忙。我对自己的境况常感到非常不舒服，后悔自己浪费了时间，我本可以去做很多对人更有益的事情。如果尺寸或剪裁略有不妥，我就得忍受师傅的责备，我也从来没问过工资的事。我弯着腰坐在黑暗的店里时，总是在决定，我要告诉他我要辞职。一次我真的这么做了，但师傅根本就没理我，于是我就又坐回他旁边，开始缝衣服。

每当从讨厌的上班时间醒来，我都觉得非常幸福。于是我决定，如果这种噩梦再次袭来，我会奋力摆脱，我会大叫："这不过是幻觉，我正躺在床上，我想睡觉。"结果第二天晚上，我就又坐回裁缝店里了。

这样过了好多年，日复一日，令人沮丧……这一天，又来了一个计日工，一个心胸狭窄的青年。他是一个波希米亚人，

19年前为我们工作过，后来在从酒馆回家的路上掉到湖里去了。我看着师傅，期待解释，他告诉我："你没有裁缝天分，你可以走了，我们从此陌路。"强烈的恐惧感即刻袭来，我一下就醒了……

我感觉这一切都好神奇。那晚之后，也就是师傅和我"从此陌路"后，我晚上就不累了。我不再梦到自己做裁缝学徒时的日子，它们现在躺在遥远的过去。那时的日子简单朴素，实际上很愉快，但也给我后来的生活罩上了长长的阴影。

人还是更感性一些

人和大猩猩的基因97%是重合的。人是动物的一种，而且可以说人的很大一部分是动物性的、非理性的、情绪性的。孟子说："人之异于禽兽者几希？"荣格认为：我们每个人内心都有一个200万岁的人。我们的基因里都背负着过去200万年的祖先的记忆，人类历史在生物进化史上所占的时间比例，几乎可以忽略不计。

20世纪六七十年代，很流行理性人，很多经典的经济学、心理学理论都基于理性人假设，但是后来人们发现人并不总是理性的，更多的是感性的，情绪总是比信息更重要。

人际沟通中，93%是情绪和其他因素，7%是内容。科学家们对恋爱中的人做过调查，恋爱中的人大部分时候说的都是废话；凡是没啥用（不传递什么有用的信息）的话，都是在建立情感连接，三五分钟就能完全触摸到对方的灵魂。如果老说“有用”的话，分手就成了必然。

负感觉

据说，先皇唯独偏爱一个御厨，只觉得他做的饭菜有滋味，结果是两个人的味蕾都有毛病。人和人的感觉阈限是不同的。拿痛觉来说，有些人特别敏感，仿佛影子都会受伤，碰一下都像被蜇；另一些人的感觉则非常迟钝。有些人扎破手指都“哇哇”叫，但你看那英雄豪杰，断箭自己拔，吭都不吭一声，那是痛觉阈限不同。

很多反社会人格障碍患者的生理特点中就包括一点：痛觉阈限比较高，不会感觉太疼。我有个外科医生朋友，他对小流氓有种偏见，一次接待一个手掌虎口几乎完全裂开的青年，想公报私“仇”一下，就对他说：“打麻药对神经不好。”小伙子坦然地回答：“那就不用打麻药了。”护士都捏了一把汗，正常人应该几乎疼晕了才对，结果你看他，根本没事。

2006 年 12 月，几个在街头表演自伤的巴基斯坦少年引起了人们的注意，因为他们没有痛感。

这几个少年通过表演自伤赚钱，比如用刀自伤、把手放在火上烤，还有一个甚至咬掉了自己1/3的舌头。他们都表示，自己从出生起就不知道什么叫“疼”。他们的其他神经系统都表现正常，可以感觉到触摸，有冷暖感，能感觉到痒和压力。

科学家在巴基斯坦北部地区找到了与这些男孩有关的3个家庭，其中6个人没有疼痛感。这6个人包括：A家庭里3个分别为4岁、6岁和14岁的孩子，B家庭里的一个6岁的孩子以及C家庭里两个分别为10岁和12岁的孩子。

原来，他们体内一种被称为SCN9A的基因发生了突变。该基因是“电压门控钠通道”中的关键蛋白质编码，它相当于一个开关，把对疼痛做出反应的伤害性感受器的神经细胞接入神经系统。这些伤害性感受器分布于身体的外围，通过脊髓通道与大脑相连。实验室的结果显示，SCN9A的变体形式使开关处于“关闭”位置，这意味着他们的大脑从来没接收到过疼痛的信号。

费希纳在《心理物理学纲要》中提出了“负感觉”这个概念。他说，刺激的物理量必须达到一定的强度，才会产生心理量，低于这个强度，也会引起反应，但这些反应是意识不到的。这也就是说，你在椅子上放个图钉，有人坐下去，他可能都感觉不到，所以他屁股上带着个图钉到处走。

但是感觉不到，不说明没有效果；他会不爽，见谁都要吵架。这就是没有感觉到的感觉，虽然是负感觉，但从未停止发生作用。

我有个朋友能准确预报天气，她说要下雨，八成就有雨。原来，她头部受过伤，气压一变化她就会头疼。我们可以合理假设，在受伤之前，她的头也能感觉到气压的变化，但这种感觉上升不到意识层面。

你太容易知觉到的，那都不是潜意识，所以才会有这样的矛盾：我很清楚自己的问题，但我改不了。意识层面，也许只是嘴角轻轻一撇，而潜意识却常常已是山崩海啸了。这些在心底骚动的不安，就像神话中被打败的上古巨神，他们被封印在大山之下，但他们巨大身体的蠕动，则引起了地震、海啸和火山爆发。

本节开头的小实验中，如果我们满眼都是空的，那并不代表我们没有自己的形象，没有自我意识，只说明我们不认同自己。置身于空虚之中，是人对于忘却的渴望。弗洛伊德认为：问题的根由都来自被遗忘的记忆，也就是童年被遗忘的建设性经历或创伤性事件。他治疗时遵循一个原则，凡是能觉察到的痛苦，那都没事，感觉不到的痛苦才危险。所以他做得最多的工作，就是使用自由联想 / 催眠，挖掘案主的潜意识内容，把他目前的问题同其被压抑在潜意识中的经历联系起来，并对其间的关系加以解释，然后默默地陪伴并等待案主的自我整合。

02

“我”的建构 & 人格的核心

> 我是一个看不见的人……我仿佛被许多哈哈镜团团围住了。人们走近我，只能看到我的四周，看到他们自己，或者看到他们想象中的事物——说实在的，他们看到了一切的一切，唯独看不到我。
>
> ——《看不见的人》

人遇到的原初问题（或者唯一问题），就是如何定义“我”（I）。我（I）是人格的核心，价值、道德、信念等都以这个我（I）为基础进行建构。这个我（I）是个附着点，就像河蚌要产生珍珠，就必须有一个沙粒作为附着点一样。

精神分析学派认为：人是由本能和早期经验设定的。行为主义则说人是由环境设定的。华生和弗洛伊德派一直处于无休止的斗争之中，但其实两者都传达出一个共同的悲观结论：人是被设定的，我（I）的力量微乎其微。幸运的是，精神分析学派和人本主义提出了对人格进行搅动或扰动的方法（在第4章将讲到）。

弗洛伊德创造性地把我（I）劈成了三个：本我（Id），他只说一句“我要……”；超我（superego），他只说一句“我应该……”；自我（ego），协调前两个“我”和现实之间的关系。

弗洛伊德人格动力结构

弗洛伊德说：自我认为自己是统治整个“我”的王，但他的能力非常有限。弗洛伊德打过一个比方，来说明三者的关系。比如一个车夫赶着一辆马车，马就是本我，提供最本源的动力；车夫就是自我，他认为是自己决定了马车的终点。实际上，马车去哪儿，根本不是由车夫决定的，而是由客人决定的。客人就是超我，他藏在角落里指挥着马车走向最终的目的地。自我既没有本我的力量，也没有超我的决定权，只是一个“假装的王者”。马惊了，或客人比较怪，或客人要赶时间而马跑不了那么快，车夫就会无所适从。

本我是动物我，从进化中来，背负着200万年的记忆，追求最直接的快乐，只求吃、喝、性、休息、玩，消除机体紧张感，但他有力量。本我的释放不足是病理性的，如果小孩子饿了哭时没人管或者游戏不足，本我就没有力量，他会认为自己是无能的，是必须失败的，只是因为他那匹马是瘦弱的病马，没劲。

超我是父母权威的内化，也是动物我[①]，充满了“应当”（should），也就是对自己和他人概括化的认识。超我通过耻感和脏感起作用，认为自己做某些事情/不做某件事情/具有某个特征是脏的，是被自己瞧不起的，会事先阻止某些行为，或在事后用内疚进行自我惩罚。超我中充满了各种真理和谬论，都是在孩提时代就从父母那里通过仪式感的完成或未完成学到的。对孩子来说，快乐是简单的，天塌地陷也是分分钟的事。比如他用爸爸的胳膊擦自己嘴上的食物残渣，只是为了用这个仪式来确认自己是被包容的。她把脚搭在父亲脸上，只为得到一句“我的闺女咋这么可爱呢！”的反馈。他用纸片搭建的小屋得到母亲的赞美或被严令推倒，仪式感就完成了或被彻底摧毁了，相应地，他会认识到“我好厉害啊”或“最重要的人会摧毁我最重要的东西”（他20年后会复演这一幕，“作为父亲，我应该破坏他那些看起来无所谓的东西”）。

但不管是真理还是谬论，都是人的核心信念，都是“我”的一部分，恒定存在，根深蒂固，如同珍珠中的沙粒一般永远都在起作用。超我对自我（现实的我）不满意时，他便会把自我对象化，也就是“I”

① 此处争议较大。超我是人的社会属性，为何也是动物我呢？人是社会性动物嘛。

评价“me”，并进行攻击。他的目的是通过看不起自己，让自己看起来更好。当超我是个怪胎时，问题就会层出不穷（伺候一个性格古怪或有诸多要求的客人，不知车夫会做何感想）。举个例子来说，案主罗依[①]（男）有严重的同性恋倾向，同时又对同性恋很恐惧，且有自杀倾向。寻根究底，原来他出自单亲家庭，而母亲的观点“男人都不是好东西”成了他核心信念的一部分。所以一方面他厌恶自己作为男人的身份，从而选择有同性恋倾向。但是另一方面，如果他自己是同性恋，那就得和男性产生感情，而“男人都不是好东西”，自己为什么会这么脏呢？真的活不下去了。

超我分为两部分：良心和自我理想。良心是儿童受到惩罚后内化的经验，是不做某些事情和事后内疚等心理特质的动力。自我理想是儿童受到奖赏后内化的经验，是教育的产物，是早期生活中得到父母和其他重要的人认同的结果。“我应该是一个成功的人”，如果达不到，就会激发耻感和脏感，以及持久的自我惩罚，也就是客人要车夫狠抽那匹瘦马。

超我的发展不足是病理性的，人会没有道德底线，这就是所谓的“自私的人”“以自我为中心的人”“没有上进心的人”，会进入无情的因果链中，得到也许会延迟但注定的外来惩罚。但超我的过度发展也是病理性的，比如“我（超我）的字典里没有‘失败’这个词”，一旦

① 文中出现的人物如罗依、雅彤等，以及部分引用文字的出处，均为作者咨询案例中的案主，后文不再单独加注。

遇到失败，赖以支撑自己的精神框架和支柱就会瓦解。

动物我是不可理喻的。把一头小象从小拴在一根木桩上，小象会乱撞，但无论如何都挣脱不了。慢慢地它就知道，自己无法挣脱，即使它长成大象，也会认为自己无法摆脱木桩。这种影响是由不得它的。同理，如果孩子接收到的信息是“你是不被需要的/多余的”“你是次要的/不被重视的”，二三十年后，他觉得可以自我掌控时却早就忘了到底为什么自己是不被需要的/多余的、次要的/不被重视的，他只记得自己是不被需要的/多余的（导致抑郁、自残、失败上瘾），次要的/不被重视的（导致广泛性焦虑，走到天涯海角都感到不安全）……

罗杰斯的研究表明，理想中的我（超我中的自我理想）和现实中的我常会出现分离，当差异过大时，心理问题会不断出现，安全感的基础瞬间崩塌。弗洛伊德认为，超我和本我的冲突无法协调会导致神经症。从前在维也纳有个好姑娘叫安娜·O.（本名伯莎·帕彭海姆），21岁，聪明伶俐，会唱歌、会跳舞，人还漂亮，人人都喜欢她。但是她病了，是在她去照顾心爱的父亲时开始发作的：全身痉挛性麻痹、精神潜抑、意识错乱、耳聋眼斜等。谁也不知道为什么，因为体检没发现任何器质性病变。约瑟夫·布洛伊尔[①]医生通过催眠发现了症结。原来，每当她听到宴会的喧闹，就非常想去；但生病的父亲需要她照顾，所以她又不想去。在本我和超我的巨大冲突之下，她就变得耳聋，

① 弗洛伊德的同事。

听不到声音，眼斜，看不到父亲。其间，她是没有觉知的。当布洛伊尔医生把这种解释传递给她之后，症状立刻就缓解了。

除了内化父母形成的超我，我们还会根据其他人投射[①]来的标签来组织超我。比如总是听到“你怎么不知道努力”，超我就会内化这个角色：“哦，原来我是个不努力的人。”听到“你怎么老是迟到”，超我就会恍然大悟：“哦，原来我是个拖拉的人。”我们会通过不断地重复进行确认，深信不疑后，身体的感受就会发生变化。

伦敦大学的调查显示，批评胖人太胖，会使其发胖的概率增加 6 倍。参加研究的 2944 名英国市民被分为两组，被不断吐槽“你太胖”“一身肉真难看”的小组平均发胖 0.95 公斤，而没被骂的小组则轻松减重 0.71 公斤。

①“投射”（projection）是什么？投影仪的“眼睛”会向外投出影像，它能看到的只有自己投射出的影像。每个人都像一个投影仪，他们先把自己内部的 PPT、录像投射到墙上，注视该 PPT 或录像，然后评价说：“原来，这就叫墙啊。”

03

重要他人：安全感的载体

有些人离开了，却仿佛一直都在。

——嫣红

假如你受伤了，或者受到了惊吓，你会闪回到谁？基督徒会闪回到上帝，一般人会喊“哎呀，我的妈呀”，另一些人则会重复配偶 / 哥哥 / 父亲的名字。仿佛这样叫着，就如有神助，当下的情景显得不再那么恐怖，人便能够权且忍受当前的痛苦了。

有时候，我们会需要在精神上退回到一个可以让自己恢复平静的港湾，而我们之所以选择这个港湾，往往是因为这里有一个人，所以，人就是港湾。

小时候跌倒了哭起来，我们会转身扑到母亲的怀抱里去寻找安慰，我们知道她一直都在，只要转身，她就在那里。

后来，我们走到了天涯海角，那种感觉依然在，仿佛一转身，就又能投身到母亲温柔的怀抱。港湾刻在脑子里，母亲永远站在我们身后，她永远都在那里不离不弃，即使死亡也无法把她从我们的背上剥离。母亲是最早的港湾，从此，生活中的其他接踵而来的港湾，都是第一个港湾的变体，无论是上帝，还是配偶 / 哥哥 / 父亲。

生活中最大的幸福就是，坚信有个人永远在我们的背后爱着我们；人生最大的痛苦是心灵没有归属，或者转身后没有什么期待，不管你知不知觉，承不承认。

我们“仿佛”（这个词被专门强调，是因为动物我是无法区分时间、空间的）转身即可期待的人，就是我们的“重要他人”（important others/significant others），我们和他们之间有一条无形的“连接”（bond），我们从来都不是一个人。我们不仅会在第一时间闪回到那些人，而且他们本身就是“我”的组成部分，我们的言谈举止、思维方式、感受模式中都带着他们的影子。

人的周围似乎有一种舒适圈，分为很多个层级，就像物理中的磁场、电场之类的东西。美国心理学家霍尔发现，美国人需要在自己的周围有一个自己能够把握的自我空间，与他人安全距离的大小因关系的不同而不同（中国人的各道距离可能要更近一些）。

名称	亲密距离（intimate distance）	私人距离（personal distance）	社交距离（social distance）	公众距离（public distance）
距离	一臂以内（0.5米）	0.5～1米	1～3米	3米以上
关系	夫妻[①]、子女[②]、兄弟姐妹[③]、恋人、闺密、红颜知己和小伙伴	亲戚、朋友	同事、熟人、合作伙伴	陌生人、敌人
反应模式	亲情、爱情、友情，异性间有肢体接触	准亲情、准友情，同性间可以偶尔有肢体接触，人们可以互相开玩笑	实力、规则、利益分配	同类动物

亲密距离范围内的空间，向前是手臂半伸直就可以把人推开的距离，左右则表示可以把两个手肘撑开的空间范围，向后则指背后所有的空间。前面、左边、右边的安全感也许还可以由自己来守护，但对于背部我们自己是无能为力的，只能由我们信任的重要他人来守护。所以我们可以说，人们“背着”自己的重要他人走到天涯海角也不会感到不安全。如果竟然没有任何人可以抚摸一个人的背并让他坦然、信任地接受，这个人的安全感就没有任何载体。

亲密空间里的人就是“重要他人”。这里的人们，常互相感受到

①②③不管双方感情如何。

对方的呼吸、心跳、体温和皮肤，并因此感到安全，只因彼此的存在就感到安全。这里的人们的人格是互相重叠的，你是我的一部分，我是你的一部分。你认为他们是你的一部分，对他们充满信任感，愿意向他们透露自己最私人的问题；对方也这么认为，愿意聆听你的心声，感受你的伤痛并做出回应。这里有情感的共鸣，每个人都可以为对方动情。你要不高兴了，他们也会很难过，你幸福的时候，他们也会产生共鸣，也就是“动情”，这里有亲情、爱情、友情。

这里有心灵意义上的接触，所以是疗愈的。“心灵意义上的接触”，这种话都是“高大上”的学派的措辞，换成医学心理学就是“他们的抚触不会激发痒觉”，他们挠你胳肢窝就像你自己在挠，或像左手摸右手，没太多感觉。

安慰的话语和陪伴也许帮不上什么忙，但绝对有用，会让人的心灵变得坚强，然后人们就有力量去自己解决问题了。

亲密关系是交互的，如果有一方不能感同身受，就无法形成这种关系。所以有时候人们是害怕拥有重要他人的，新添重要他人尤其令人恐惧，因为真的在乎一个人是很危险的。在乎另外一个人，似乎就是交给他伤害、拒绝、抛弃自己的权力一样，这种劣势地位让人恐慌。于是他们拒绝深刻的情感连接，拒绝成了本能，疗愈的大门因此紧闭。

任何其他人，都只能影响我们的情绪——那些可以被时间冲淡和冲掉的情绪，而无法影响我们的情感和人格。只有重要他人可以扰动我们的人格，这是时间和空间的距离无法改变和撼动的。一旦与重要他人的连接发生断裂，整个宇宙就都开始变得悲伤，这就是抑郁。

尤其需要注意的是，手肘空间内的人，都是我们的重要他人，不管我们的关系的质量是好还是坏。他们只是“重要”的，不一定是重要且“积极”的。

根据社会再适应量表[1]，结婚、乔迁、生子、升官、发财、跟老婆离婚而娶了小三等，都会带来生活的波动，降低安全感。升官发财还好点，不安全感被兴奋劲冲掉了，但是跟常年不和的老婆离婚而娶小三之后，一个男人往往因此迅速走下坡路。为什么？因为从此以后，你的重要他人从心中挖去了，那个多年来和你同甘共苦、给你提供稳定的安全感的人从此消失了。没了安全感的基础，人还能有好事？

任何根深蒂固的问题的出现都是因为缺失重要他人，或重要他人给你的反馈不对；任何人格上的改变都需要重新找到并确立一个重要他人，让他给你正确的反馈。无论咨询师、教会还是情人，都是找到新的重要他人，从而给人格一个重塑的机会。

① 见第5章第4节的“生活压力自检表”。

睡不着，醒不了

不想睡是怕梦里见不到你，不想醒是怕现实里也找不到你。

——嫣红

重要他人无时无刻不待在我们身边，连接超越时空的限制。你睡下的时候，并不是你一个人在睡，和你一起躺在床上的，便是你的重要他人。我们与重要他人之间有着连死亡、憎恨都不能割裂的关系。

我们干点什么都需要一个理由和希望，奋斗下去，努力下去，忍耐下去甚至活下去；同理，睡下去、醒过来，也都需要一个理由和希望，而理由和希望都是以重要他人为载体的。

自己躺在床上的时候，和你一起躺下的，首先就包括曾经和你躺在一起的父母。

为什么你不愿睡呢？因为他们（两个“重要他人”）不愿陪你睡，或者你不肯让他们陪你睡。但对于这件事，我们是没有觉知的。睡不着，所以熬夜，这跟生物钟有关系，但关系不大。

为什么你不喜欢洗碗呢？因为你没有和重要他人一起愉悦洗碗的记忆。为什么你不喜欢洗衣服、收拾房间、做饭呢？因为你的重要他人不喜欢做，你们没有一起做过，一摸洗衣盆、扫把、锅铲，重要他人就消失了。你洗衣服的时候，不是你一个人在洗，他们会附着在你身上，和你一起洗。其间，我们是没有觉知的。

我们刚睡下时，梦到的都是近来的事情，之后的梦的内容就会越来越远，到午夜就变得非常久远，回到襁褓中，或者会爬，会走时；到渐近黎明时，时间又渐渐拉回来，回到当下。熬夜一般会熬到凌晨1点左右。深夜23点到凌晨1点，这就是我们会梦到儿时记忆的时候，也就是和父母最亲密的时光。死活睡不着的人，只是在无意识地避开这一段时光，让他们不出现在自己的梦里，因为那都不是美梦。

睡不着自然起不来，但是有时候睡饱了，也不愿意起床。这是为什么？因为没有什么值得经营和期待的，无论亲情、友情还是爱情，总之，就是没有什么特别想回忆起来的重要他人。

如何证明你不孤单？至少还有两个人会陪着你，不管你变成什么样。如果遇到险情，竟然没有人可以第一时间浮出精神层面给你提供安慰，你想到的是警察，你就感到在这个世界上真实的孤独感，从心底泛起来一股凉气。

重要他人的数量不会太多，也就2～15个。为什么这么少？因为这是要耗费资源的，每个重要他人都会耗费我们的资源。资源有限，重要他人的数量就是有限的。

重要他人是怎么形成的呢？熟悉感，而熟悉感来自习惯化。天天在一起，又不强化，就习惯化了。两个人在一起久了，半年之后，时间感和空间感都发生了联结，除此之外，喜怒哀乐也都互相联结着。这种形式主要是和父母、配偶、情人、兄弟姐妹（或闺密、红颜）、子女、老师、发小（从小玩到大的朋友）、室友建立起来的。这些人都是你的重要他人，无论是爱还是恨，他们都是你的一部分。

还有一种获得重要他人的方式。有一次发了洪水，巴甫洛夫的实验室被水淹了，有四只狗住在一个笼子里。之后它们都得了创伤后应激障碍，不能听水的声音，一听到滴水声就发狂。但是还发生了另外一个变化，本来这四只狗平时非常不和睦，经常又咬又叫，结果在差点淹死之后，再看这几只狗，它们感情好得很啊，没事的时候就互相依偎在一起，成了关系很好的小伙伴。

> 和你一同笑过的人，你可能把他忘掉；但是和你一同哭过的人，你却永远不忘。
>
> ——纪伯伦

04

情绪关联：有一种伪装的坚强叫不敢哭

我们会因为一个人，而爱上一座城。

——嫣红

动物我运作的方式遵循动物的条件反射。巴甫洛夫研究狗，一敲铃就给食物，反复三五次，后来不用给食物，狗听到铃声就开始流唾液，这称为条件反射。巴甫洛夫认为刺激与反应之间的关联，由自主神经系统完成，是抑制不住的。马沙尔·荷尔通过蝾螈和蛇的断头实验证明：脊髓是控制条件反射的中枢系统。动物我异常强大，不受控制，没有理性，不知时间、空间、因果为何物。

科学家做了一个实验，让狼不吃羊。实验是这么做的：给狼吃一些含有少量氯化钾的羊肉，使其感到头晕、恶心，并开始呕吐。这样反复数天后，这些狼一闻到羊肉味就跑，心里想的大概是：太恶心了，一辈子不爱闻这个味道。

糖水是否可以致病？实验者给老鼠注射降低免疫力的药物和糖水，结果老鼠都生病了；等其恢复，再注射，结果又都生病了；等其恢复，又注射，又生病了……三五次之后，不再注射药物，只注射糖水，结果老鼠又都生病了。

条件反射说到底就是一种关联，是两个东西之间的关联。这种关联是自动的、不可抗拒的，是一种不由自主的、不自觉的、被动的、抵抗不住的、由不得你的关联。

一个中学生每次数学考试都肚子疼，而且疼得头冒虚汗，坐立不安。原来，他数学不好，肚子疼就可以免除考试。虽然一开始也许是偶然情况，但久而久之，这些症状就真的产生了，真真切切地。动物我的逻辑就是：虽然我每次都是零分，但没人能责怪我，因为我病了，那没办法。这样他就获得了一个病人的角色，好处多多。

张德芬还说过一个故事，一个姑娘经常生病，反映到身体上就是发烧、呕吐、腹泻等。原来，她小时候一生病，父母就更加关心她，所以“生病＝关心＝温暖”。所以，每次她一遇到挫折就开始生病，而且还病得不轻。这样，她从童年开始的对关心和温暖的渴望就使她养成了一有挫折就生病的习惯。

小三为什么爱送表？“走到哪儿都想起你，哪儿都是你的影子。”到风景好的地方，就想起小三，不高兴的时候也想起小三，关联得非常全面。而老婆呢？只跟家关联。工作、游玩、在国内和国外想的都不是你，那你还不迟早得让位[①]？

还有个故事是这样的，在云南有个吸鸦片的人，后来去了东南亚经商、创业，一直没事。18年后回家，他一看到自己的老宅，毒瘾就发作了。

为什么我们喜欢老歌？因为老歌和浪漫激情的岁月是关联的，一听到老歌，所有的美好回忆就一股脑地全都被激活了。

这种中性事物与恶性/良性刺激多次结合作用于潜意识或开启潜意识大门而形成的关联，其实就是精神分析的“情结”的雏形，也是认知结构的知识模型理论中的病态认知结构的雏形，也就是认知调整之所以不太管用的原因[②]。

情绪分为单一情绪（或称为基本情绪，basic emotion）和复合情绪（complex emotion）。单一情绪是理论假设的，实际并不存在，因为对待一个现实的刺激源，情绪往往是复合的。比如，用伊扎德的分化情绪量表（DES）测量普通人在惊奇情境下的情绪成分如下：

---

① 类似于条件反射。

② 具体解释见第4章。

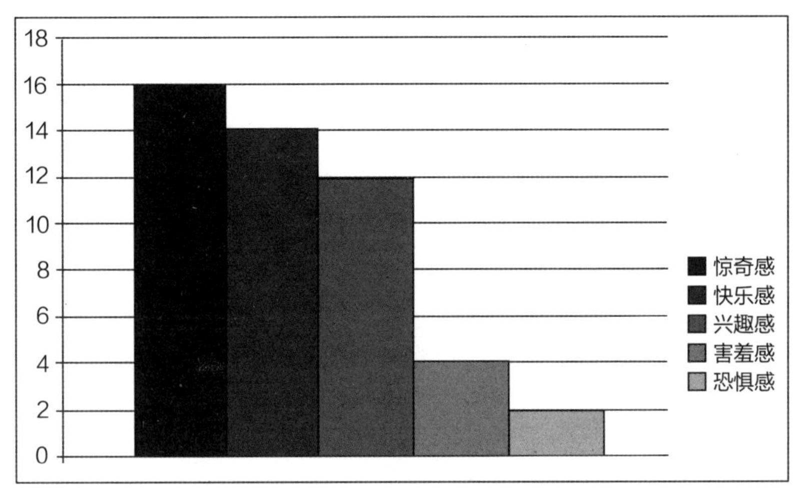

想象惊奇情境的情绪成分的 DES 测量

在复合情绪中，假设有个人的恐惧感总和快乐感发生关联，他会怎么样？他会害怕快乐的体验。人会恐惧感情，“只要我一爱，整个世界就会崩塌”。（案主雅彤）他会害怕高兴，在他所有的情绪记忆中，和高兴相连的，都是恐惧，“一高兴，厄运就会旋即而至”。（案主马翁）他会恐惧成功 / 幸福 / 阳光 / 兴奋 / 床 / 睡眠 / 醒来 / 异性，无法接受他人的拥抱，无法接受他人的鼓励，因为这些快乐的元素都和恐惧情绪在他的心底形成了牢不可破的关联。

如果有个人的恐惧总和哭泣发生关联（比如孩子哭泣时被打，越哭越打），他会怎么样？他会忘记哭泣的感觉，更不会为他人流下眼泪，因为他害怕哭泣的体验。这种坚强，其实不是真正的坚强，而是心灵脆弱到根本不敢哭泣的地步，所以不是不哭，而是失去了哭泣的能力，是一种伪装的坚强。

05

关键期 & 固着：安全感的滞留阶段

1920 年，在印度加尔各答东北的一个小城，发现了一头母狼领着两个裸体的女孩，其中大的七八岁，小的两岁。小的很快就死了，大的一直活到 1929 年，名叫卡玛拉。

她们刚被人发现时，行为和狼一样：爬着走路，白天睡觉、晚上活动，怕火、光和水，不让人替她们洗澡；只知道饿了就吃、饱了就睡，只吃肉——放在地上用牙齿撕开吃；不会说话，每到午夜后就像狼似的引颈长嚎。不过她们很快学会了向女主人索要食物和水，就像家犬一样。

七八岁的卡玛拉，只有 6 个月婴儿的智力，两年后才学会直立，6 年后才学会了行走，但跑时还得四肢着地，4 年里只学会 6 个单词，能听懂几句简单的话，7 年里只学会了 45 个词并勉强学会说几句话。卡玛拉死时约 17 岁，但智力只相当于三四岁的幼儿。

卡玛拉的发育说明，身心发育有一个关键期，发育不好就会停滞在那个阶段，错过之后其实很难再补回来。

脑的重量，新生儿平均约为 400 克，约为成人脑重的 1/4；1 岁时大脑重约 600 克，约为成人的 1/2；3 岁时增至 1000～1100 克，7 岁儿童的大脑重约 1300 克，基本达到成人 1400 克的平均脑重。大脑一旦成形，改变起来也只是边边角角的缝缝补补了。所以说，“三岁看大，七岁看老”是绝对有道理的。在儿童阶段，人类逐步学会了正常的思维和感情，并将这些思维和感情变成相应的脑组织加以保留，错过了每个阶段的关键期，那块大脑就不会再有太大机会重新塑造了，二度发育其实非常困难。

精神分析总会追溯到人的婴幼儿时期。在不同的成长阶段，人的主要生活经验是不同的，每一个阶段都有集中而特定的需要，有自己需要满足的情感体验。从婴儿到成人的心理发展阶段以里比多精神原能的投放部位来划分，可以分成“口欲期”“肛欲期”“性蕾期”“潜伏期”和“生殖器期”5 个时期。

弗洛伊德的性心理发展阶段[1]

名称	阶段	描述
口欲期	会走路、说话之前	口唇快感的满足，从吮吸中获得快感。母亲反应迟钝或断奶太早，婴儿会形成依赖人格，生活邋遢。该阶段的婴儿为无性体质
肛欲期	上幼儿园之前	能控制排便，获得快感。这时候经历的最大的创伤性事件，是排便时受到惊吓或惩罚，会认为自己是无能的，变得抑制、肮脏或浪费。知道自己是男还是女，但觉得无所谓，双性体质
性蕾期	幼儿园阶段	对异性父母有乱伦的愿望。爱但排斥同性父母，这种冲突引发焦虑。开始内化性别角色，与同性父母进行竞争，并企图在竞争中获胜。异性取向
潜伏期	小学阶段	认同同性父母，内化同性父母的身份，压抑俄狄浦斯情结，将性冲动转移到学习和游戏中去。内化同性父母的权威，发展超我。同性取向，更喜欢和同性别孩子玩耍
生殖器期	中学阶段 / 青春期	完成和同性父母的同化，将对异性父母的冲动转向他人。异性取向

里比多的投放区域需要被满足，是否被满足所形成的无意识记忆

①由《精神病学高级教程》中“弗洛伊德的性心理发展阶段”整理而成。

最为深刻，对人格结构、心理过程、个性特点形成的影响是根本性的。如果缺乏满足，没有顺利度过相应的关键期，精神就会固着在那个阶段，形成情结。固着的心理能量会阻止后期的经验加工、心理建构与人格的发展，导致个体很难向下一个阶段继续发展。从此，人有一半就停留在了这个阶段，另一半则随着身体的成长离开。

分离的两半灵魂总是企图再次融合。长大的一半一生都在企图回到固着点，重新体验并让这个阶段的里比多重新释放一次，方可开始真正的精神成长，并一次次以失败告终。时间错位的满足寻求往往是失败的，挫败感会带来进一步的压抑。最后，所有被压抑的情绪都会变成另外的样子，以更加丑恶的形式表现出来，拒绝（冷漠）、攻击和情感勒索等成了本能，完成了焦虑的投射，一生持续释放负能量。受害者变成了施害者，尤其针对自己最亲近的人。

遭遇重大挫折时，人还会倒退（regression），比如吮吸手指。倒退是面对创伤性事件时的不健康防御方式，人会退回曾经的安全时期，也就是固着点之前的某个阶段。吮吸手指是因为他内心中有一股强大的力量，总渴望退行到婴幼儿状态，继续在妈妈怀里吃奶。因为他知道：那个时候，人们是爱他的、包容他的，他是安全的。如果母亲并没有给婴儿安全感，那么发生倒退时，人就会倒回子宫时期，认为那里才是安全的。倒退回子宫，就如同进入坟墓，这就是人抑郁和自杀倾向的根源。

每一种早期剥夺都会造成不同的症状群，交集是不安全感及不安全感的泛化。

——孙向东

埃里克森的人生发展八阶段①

名称	阶段	需要解决的危机	充分解决的结果	未充分解决的结果
婴儿前期	会走路、说话之前	信任 vs 不信任	基本信任感	不安全感，无存在感
婴儿后期	上幼儿园之前	自主 vs 羞耻 / 自我怀疑	知道自己有能力控制自己的身体并做好事情，自己是被包容 / 接受的，可以自我掌控	无自我掌控感，有无能感
幼儿期	幼儿园阶段	主动 vs 内疚	相信自己是发起者、创造者	无价值感
童年期	小学阶段	勤奋 vs 自卑	有意志力、责任感、义务感，相信自己通过努力可以做成事情	无信心感、归属感，有挫败感，无自尊感
青年期	中学阶段	角色同一 vs 角色混乱	自我认同感，明白自己是谁，接受并欣赏自己	缺乏社会人身份的自我认同感，觉得自己很孤独，不知道自己是谁，有身份混乱感

①由《教育心理学》中表“埃里克森的心理发展阶段”整理而成。

续表

名称	阶段	需要解决的危机	充分解决的结果	未充分解决的结果
成年早期	大学阶段 + 工作前三年	亲密 vs 孤独	有能力与他人建立亲密的、需要投入的关系	孤独感、隔绝感，否认需要亲密感
成年中期	工作三五年后	再生力 vs 停滞	更关注家庭、社会和后代；性别角色的整合，男女同化的完美人格	过分关注自我，缺乏未来定向
成年后期	50 岁后	自我实现 vs 失望	对自己一生的完善感	无用感、沮丧感、不满足感、无力感、绝望感

06

依恋关系：基础安全感的根据地

母亲是第一个照顾我们的女人，父亲是第一个我们认同的男人。和父母的互动，是自己一生的预演。在这个时候我们会定义好“我”（I）是什么，从而设定一个模式，之后的每个生命环节，都在重复（或试图修正）这个模式，不管你感觉得到还是感觉不到，愿意还是不愿意。弗洛伊德在《自我与本我》中把它称为无意识动机。

例如我们发现有这样的人，他们所有的人际关系都会落入相同的结果。如一个施惠者在其每一次恩举之后总要被其受惠者愤怒地抛弃，各种各样的受惠者都会这样，因此其仿佛注定要尝遍所有忘恩负义的痛苦；又如有一个人，他所有的友谊都会以朋友的背叛而告终；有一个妇人，连续嫁过3个男人，每个丈夫都在婚后不久身染重病，并且临终前都得由她来照料。

先说和母亲的互动。梅兰妮·克莱因在弗洛伊德的基础上把婴幼儿期划分得更加详细，阐述得更加深刻。她说，0～6个月是子宫的延续期。婴儿刚刚从他们安全、温柔、自给自足的小宇宙里脱胎而出，认为宇宙仍然是他们那个小小的宇宙，他们还不知道存在另外一个大世界，甚至不知道自己和母亲已经分开了。在他们看来，他们自己就是宇宙，母亲就是宇宙，母亲是自己四肢的延伸。总之，“我＝母亲＝宇宙”，他们认为自己是创世的神明一般的存在。

如果婴儿发现，哎，一哭就有人抱，一哭就有人抱，他们就会认为：自己是被这个世界/母亲/自己接受的，这个世界/母亲/自己是安全的。当母亲如此对待他们的时候，他们心里最初的空洞就被填满了，也因此拥有了生命最初的生长力量。弗洛伊德说：“我发现，那些认为自己被母亲喜欢或偏爱的人，在生活中会展示对自己的信心、无法撼动的乐观，常常显得英勇，而且总能获得真正的成功。”

如果母亲对婴儿的需要不敏感，他们在受到惊吓或做噩梦时没有得到及时的背后轻拍和语言抚慰，直到自己哭得没劲了，恐惧就会在幼小的心里烙下一个痕迹，“现实比噩梦更可怕”的信念储存在日益发展的脑组织中。他们就会得到一个根本性的定论：宇宙/母亲/自己是恐怖的，是不安全的，是令人不舒服的。于是他们总想钻回母亲的子宫中去，回到自己曾经的安全状态中去。但是钻回去意味着停止生长，甚至死亡，所以，生的本能会强烈反对这个意向，于是引起极大的心理冲突。固着在这个阶段，人会抑郁，还会患幽闭恐惧症，所以喜欢逃跑（四处流浪、频繁跳槽等）。但是逃到哪里去呢？那个企图折回子宫的“我”一直如影随形，跟着长大的“我”走到天涯海角，于是我们会用一生去自动演绎一个早就定好的预言：宇宙/母亲/自己是不安全的，我们要逃避或躲开。

婴儿认为自己和母亲是一体的，为了获得真正的出生，婴儿要经历一个和母亲先分裂、再统一的精神过程，玛勒把6个月以后称为“分离-个体化期”。6个月以前，婴儿的知觉统合能力还没有发展起来，他们感知到的都是光影的碎片，而不是完整的物体；6个月后，他们的知觉统合能力渐渐发展起来，可以把外界的碎片组织成一个个独立的整体。但当他们看清妈妈的第一眼时，忽然有了一个重大的发现：原来自己和母亲不是一体的，母亲并非他们自己的一部分，而是另外的个体。

多么痛的领悟啊！他们从独立的神明一般的存在，一下子分裂了。这是宇宙发生的第一次分裂，他们第一次感觉宇宙不是一体的，母亲是非我（other）个体，她才是存在的宇宙，那么，自己是谁啊？总之，母亲≠自己，宇宙＝母亲。

从宇宙中分裂出来，又找不到自己存在的证据，他们感到震惊和痛苦，难以适应。他们第一次感到存在危机，感到自己并非自给自足的神明，自己只是作为宇宙母亲的参照物而存在，也许自己只是影子。自我和母亲的分离，是一个很重要的发现，从此，生活中的其他发现接踵而来，都是这第一个发现的变体，每一次分离都让他们感到痛苦。

这时无法协调的焦虑，会让婴儿整夜地啼哭，他们不接受这个现实，不认同自己和非我断裂的事实。当他们拒绝认同非我的存在，也就是在拒绝承认自己的存在；当自己不存在了，死亡焦虑就开始发作。为了缓解这种痛苦，他们开始依恋母亲，离不开她，看不见她就仿佛整个世界都没有了，因为自己只是影子。

当婴儿意识到自己不是母亲时，分离的焦虑迫使他们进行一个妥协性的选择，他们开始把非我的母亲做精神上的内化处理，以她来定义自己的存在。这要经历三个阶段：喜欢—认同—同化。如果母亲的反应敏感，能够通过积极的抚触来平息他们的焦虑，他们就开始喜欢非我，认为自己不是影子，而是和母亲一样的个体，他们第一次有了“我”的概念。

这时他们会获得一个概念：虽然我（I）和非我（other）是分离的，但分离可以不痛苦，非我（other）是安全的、温柔的。当他们觉得非我是安全的，就开始认同我（I）可以独立完整地存在，并把自己的内在世界加到所幻想的非我世界 / 母亲身上，内化母亲这个非我宇宙。这是和母亲分裂之后，人进行的第一次整合和统一，以后的每次整合和统一，都带着这第一次的影子。自此，母亲虽然物理上不是“我”，但精神上是“我”的一部分，所以她成了人的生命中第一个重要他人，她决定了整个宇宙的基调。爱上任何一个其他人，都带着这第一次恋爱的影子。

依恋（attachment）是婴儿个体和母亲发展起来的一种特殊的、积极的情感纽带，就像一条无形的脐带。婴儿总是试图维持与母亲的接触，当母亲不在时，婴儿烦恼，婴儿和母亲在一起会更加轻松快乐，而与其他人在一起则焦躁不安。依恋会从根本上决定人的情绪、情感和社会性行为，形成其人格特征以及对人际关系的基本态度。依恋是人在 3 岁以前建立起来的，而在 3 岁时人的脑重量平均已经达到 1000～1100 克，基本上到了成人的 3/4。如果成长过程中没有发生太大的变故，一个人基本上就初步定型了，尤其是“安全感”这种东西。弗洛伊德也认为在性蕾期（幼儿园阶段），人格就已基本定型。如果没有和母亲建立正常的依恋关系，人就无法建立良好的人际关系，更无法建立良好的情感关系，就会对世界充满不信任，投射到自己身上，就是最基础的、挥之不去的不安全感。

母亲对婴儿所发出的信号是否敏感，在依恋的形成中起着关键的作用。如果母亲对啼哭的孩子产生疏远感，他们就会对妈妈 / 非我宇宙产生矛盾的情感，既爱又恨。当他们无法协调交织的爱恨，就会陷入极度的抑郁，或者他们会把母亲 / 非我宇宙分裂成两个，一个是好的，一个是坏的。这个坏的非我宇宙是不安全的，未来的所有不安全感都是这份不安全感的变体和回溯。这种分裂还是精神分裂的雏形。

哈利·哈洛（Harry F. Harlow）是美国历史上具有创造性和毁灭性

的心理学家之一。为了研究婴儿和母亲（主要照顾者）的关系，哈洛用恒河猴做了一系列血腥的实验。他给小猴子做了两个代理母亲：一个毛茸茸的，一个冷冰冰的。毛茸茸的那个外面盖着软垫，但是没有奶；冷冰冰的那个由铁丝做成，但胸部有管子，可以喝奶。

小猴子会爱哪个母亲呢？小猴子会抱住毛茸茸的妈妈开始晃（在羊水中它也是晃的，它感到不安全，想回去），饿得不行了，就跑去喝口奶，喝完后立即跑回来黏着毛茸茸的妈妈。

哈洛说：看，“有奶便是娘”是不对的。孩子要喝奶，但还有更重要的生理需要，不然孩子会焦虑，这种焦虑是物质无法消除的。哈洛把小猴子需要的这个东西称为抚触，也就是肢体触觉的温柔感知。

触觉上的舒适是所有情感建立的基础，是婴儿健康的认知模式的开端。母亲的抚触，会让婴儿经历情感高潮，血液把营养和精神快感一起运往并储存在迅速发育的大脑组织中。情感高潮是大脑和神经系统发育的基础。如果抚触被剥夺，人就很难发展脑组织，脑组织不健全，人格中就没有温暖的载体，于是世界自然会变得冷漠和不安。这时的冷感会为之后所有的感觉奠定基础。孤儿院的孩子的脑成像明显异于正常儿童，所以如果你有时间，不如去那里给予孩子们拥抱，这是比食物和金钱更加重要的东西。

母亲的抚触还会决定孩子的身体状况。在一个分实验中，有些小猴子只有钢丝母亲外加奶水，有些小猴子则有柔软母亲外加奶水，结果发现钢丝母亲养大的小猴子，消化牛奶困难，胃口不好，大便较稀，经常拉肚子。哈洛说：缺乏身体的抚触，对婴儿来说会造成精神压力和紧张，并转移到身体上，当然也会转移到智力上。而医学心理学发现，缺乏抚触，会减少婴儿的皮质类固醇，无法生成各种激素，导致婴儿身体和大脑组织发育异常，还会使其免疫系统受损。

失去和母亲的连接后，基础安全感几乎立刻跌到冰点。当那些尘封的记忆都沉淀到潜意识最底层的时候，我们不会记得自己当时是怎么焦虑不安的，我们只知道自己就是焦虑不安的人，并用一生去演绎这份焦虑不安的自我预言，不管你愿不愿意，知觉得到还是知觉不到。

如果一切发展顺利，非我的母亲被顺利整合进“我”，婴儿会再次变得完整。这时合二为一再次自成一体的婴儿，开始遇到人生另一个重要的发现。他们发现：原来，母亲并不是全部的非我，在母亲之外还有另一种更大的非我。总之，“我”＝母亲，宇宙＝“我”/母亲+非我。

他们对这个新的非我世界充满了好奇（这时他们还不懂得恐惧，恐惧是后天激活并培养的），开始不断尝试接触非我世界，并把自己的内在世界加到所幻想的非我世界上，试探其是否安全，如果安全就再次内化。

于是，他们开始了自己的探索。他们开始尝试从母亲身边爬开或蹒跚地走开，暂时离开母亲去探索未知的非我世界，然后在累了或哭了之后，他们会回来，再次回到母亲的怀抱——“我”——里面来，回到自己的基地和根源中来。他们需要并可以忍受和母亲的暂时分离，其他所有的分离能力都从这次分离发展而来。

母亲是安全感的基地，在哈洛的实验中，小猴子把柔软的母亲作为自己的基地而到处探索，一遇到惊吓或新鲜事物就会缩回来，寻求安慰和保护。把小猴子放到一个新的环境中，它会感觉有点害怕，会先抱着这个柔软的母亲，但是又由于好奇的天性会到处探险，探索未知的环境。一被吓到，它就跑回柔软的母亲的身边，一会儿才会再出来。如果柔软的母亲不在，它就会吓得几乎瘫痪，缩成一团，吮吸自己的手指。

在恐惧实验中，哈洛给小猴子呈现一只吓人的乱叫的泰迪熊，当代理母亲不在的时候，小猴子会缩成一团，根本不敢看这个怪物。但是当柔软的母亲在场，小猴子就不怎么害怕，而且经常会去动动那只泰迪熊，有时还攻击它，挠它一下就往回跑。

母亲是一种精神上的存在。古希腊神话中的安泰，是海神波塞冬和大地女神盖娅之子，他从来都不会受伤和疲惫，他的身体一接触到大地就能瞬间满血。后来，赫拉克勒斯把他举在空中杀死了。母亲从来都是人类力量的源泉。女孩抑郁了、生病了，和母亲同睡几个晚上，基本上就缓过来了。

07

家庭亲密度：人际安全感的基础

一个男孩需要十万次赞美，才能成为一个男人。

——孙向东

被关注

婴儿初次爬着探索世界时，就是要脱离对母亲带来的触觉上的舒适的依赖，而代之以视觉依赖。视觉比触觉的作用范围要大，他们便有了更广阔的安全空间。在非我世界中进行探索时，最大的恐慌莫过于看不到母亲，他们会害怕找不到母亲。由于认知系统发展不完善，这时的婴儿认为客体是可变的，看不见就是没有，所以如果母亲不在视线范围内，他们就会产生分离性焦虑，仿佛整个世界都塌了。所以他们在冒险中需要“被关注”，他们需要母亲用视线关注自己，以获得安全感，否则他们就会焦虑。此时若种下焦虑的种子，不安全感就会随着身量一起成长。

缺乏“关注”会让人尤其喜欢“名”这种东西，让众人的目光都集中到自己身上，把自己埋起来，获得暂时性的满足。

被需要

我在你那里就一点不重要，不特殊！

——王倩

但是儿童的天性让他们对未知的非我世界越来越好奇，他们会走了，他们需要走得更远才行。为了消除这种焦虑，他们会锻炼出一种能力，称为客体恒常性。什么意思呢？客体是恒常存在的，看不见的不等于消失了，所以即使母亲不在跟前也不是消失了。这时，他们会在自己的意识中抓住母亲的“形象”，这样他们就可以在背上驮着母亲去探索未知的非我世界了。他们知道，虽然母亲的视线离开了自己，但是她一直都在。

库尔特·勒温（Kurt Lewin）的“心理环境”不是指客观环境。

比如，儿童知道他们的母亲在家或不在家，他们在花园中的游戏行为便可随之而不同。如果人认为存在一个东西，并好像它存在一样地做出行为，那么它即便客观上并不存在，也是他们心理环境中的东西。同理，如果没有觉察到一个客体，那它就对他们的行为没有影响，尽管这个东西客观上离他们很近，也不在他们的心理环境之内。心理环境也不是意识环境。我们不能确定母亲是否在家的事实，存在于儿童的意识层面。你问他们“妈妈在家吗”，即使回答“不知道”，他们也依然相信母亲在家，并如同母亲在家一样自如地玩耍。

能在精神上带上母亲的儿童，即使母亲不在眼前，他们也会觉得自己是完整的和安全的，所以可以到更远的地方去冒险。这时候任何脱离母亲视线的行为都充满了刺激，都是激动人心的。他们的独立和冒险精神与对母亲的依赖产生了极大的矛盾，他们无法调和这种矛盾，他们不明白为什么自己渴望独立和冒险，同时还会依赖母亲呢？他们会有一个自欺欺人但必要的解释，那就是其实母亲是“需要”自己的。这种被需要感，让他们的精神完成了整合。“被母亲需要”是他们的精神世界不至于破裂的解释。

如果这个时候母亲表达出并不需要他们，他们就会感觉自己是不被自己（因为这时母亲就是精神上的自己）“需要”的，无价值感会持续一生，在后续所有的失败中他们都会闪回到这个阶段，并造成抑郁。而另一方面，如果母亲不喜欢孩子到处跑，总是焦虑，孩子就会认为：

在非我世界里，“我”是无能的，必须由在场的母亲来保护。他们无法接受自己的冒险和冲动，会指责自己的冒险行为，20 年后会成为“天生”胆小的人。

孩子在“可怕的 2 岁”（terrible two）这个时期觉得一切都好神奇，他 / 她非常淘气，比如会玩水、玩火、摔东西，感受这个新奇的世界，还会把自己的小马桶放在饭桌上，告诉母亲：“看，我都能自己排便了，我多厉害啊！”

这时候，他 / 她可能遭遇母亲的攻击，不一定是物理攻击，精神攻击同样会有严重的后果。受到攻击后，自罪自责的脏感和耻感油然而生，他 / 她会觉得自己不仅是不被需要的，而且是被拒绝的，是坏的、脏的，是令自己羞耻的，是令宇宙蒙羞的。成年后他 / 她所有的行为和精神，都会自动演绎最初的这个自我预言。

哈洛做完前述实验后又有鬼点子：如果孩子遇到恶毒的母亲会怎样？于是哈洛给每个小猴子都又设计了一个恶毒的母亲，这些铁娘子（iron maidens）会突然喷出钉子、冷气或凉水，小猴子无力抵挡，只能无助地哀嚎，但不管受到如何残酷的对待，小猴子还是毫不迟疑地投身母亲的怀抱。这些猴子虽然有代理母亲，有吃喝也有抚触，但是当它们长大后进入猴群也发现了问题：它们不知道如何和猴群接触，无法融入群体，它们和猴群保持一定的距离，所以经常被别的猴子打。所以哈洛说：“如果孩子缺乏人际安全感，其根本的原因之一就是受到过母亲的攻击。”

被认同

如果一切发展顺利，婴儿与母亲完成了分裂与统一后，他们在新的非我世界中遇到的第一个“人”（区别于作为宇宙的母亲）就是父亲。他们开始知道，父亲并不是物理环境的一部分，而是和母亲一样但又不同的存在。这是他们第一次意识到“人”是一种什么样的存在，“男人”是什么，“女人”是什么，并在父母的互动中猜测自己是男还是女，男人和女人之间的关系是疏远还是亲密。

和父亲的连接是个体最初的社会性连接，也是情感社会化的重要标志，说明他们可以去爱或恨另外一个“人”了。他们会试探这个“人”，如果结果是安全的，他们就会企图再次将这个非我统一和整合进“我”中去，认同并接受自己的“姓”，带着父亲（自己的姓）继续进行下一步的探索。因为他们的姓是安全的，他们会对人类这个种群充满善意，有勇气和能力去面对他“人”。

如果父亲缺失或冷漠，首先，他们无法认同自己作为“人”的存在，因为他们没有“姓”，或者“姓”是残破的。

从前有一个小男孩，他幸福地生活在德国。但是有一天，他的母亲把他叫到自己身边说：“孩子，你每天叫爸爸的那个人，其实不是你的爸爸。你的爸爸其实是个丹麦人，在你 3 岁的时候他离家出走了，后来我才嫁给你现在的爸爸。”小男孩一下子就傻了：如果我不是我爸爸的儿子，那我是谁啊？

当个体所依赖的赋予日常生活意义和目的的价值载体突然解体，小男孩感到了一种身份的丧失。他不知道自己姓什么了，所以感到了世界的空虚。他离开了家，四处流浪，不知道该去什么地方。流浪啊流浪，后来就来到了维也纳。这时弗洛伊德的女儿安娜正在这里开诊所，他就在诊所做木匠，并接受安娜的治疗。

这个丧失身份的男孩叫埃里克森，是新精神分析学派的主要人物。他提出的人生发展八阶段理论中说：社会人身份的形成，是人生的大课题之一，与其说是学会和人类进行互动，倒不如说是认领父亲成为自己的一部分。

其次，他们无法在父母的互动中获得性别意识，不知道自己更像这两个人中的哪一个。没有学会和内化男女的互动方式，人会有性别取向障碍。

人类世界中最能给人以价值感和能力感的东西，就是自己在乎的人的认同，而你最在乎的人（如前所述，母亲是宇宙）就是父亲。如果父亲缺失或冷漠，那么他们就会一生都在寻找父亲，并企图得到父亲的认同，以获得自我价值感。但是这时候他们找到的替代父亲的人，都是他们不在乎的人，“被认同的感觉”满足不了，这样，他们就需要讨好并赢得社会权威的认同。实际上他们的心里还是在较劲，心想：看，你不理我，不认同我，还是有人认同我的！缺乏父亲的认同，会让人追求“赞美”这种东西，并进一步追求名、利、权，急功近利，追求不到是很痛苦的，追求到了就会更加空虚，就像饥饿的人大口咬到了空气，因为内在的缺损一直都在。

或者父亲不是冷漠的，而是有威胁性的，无论是施加物理攻击还是精神攻击。这时儿童就会缩回来，恐惧会泛化并持续一生，他们会认为“人”，尤其是“男人”/“权威”这种存在是不安全的。他们会恐惧“人”的目光[①]，拒绝自己作为“人”的身份，甚至拒绝被疗愈，这将导致抑郁、交际障碍、自杀倾向，以及各种神经症。或者他们会继承父亲的角色，把自己变成一个暴君来取而代之，以施害者的身份企图埋藏自己的恐惧。

如果一切发展顺利，到了青春期，他们要开始认同自己作为“成年人”的身份了。这时的他们会成为一种边缘人（marginal man），地位处于儿童和成人两个群体的边界上。要脱离儿童群体进入成人行列，可不是那么容易的。

男孩要把情感从母亲身上移开，转移到另一个女人身上。分离的剧痛再次出现，他知道第一次和母亲分离的那种痛，所以像第一次一样痛苦。女孩则要缓和一些，她不需要撕裂和母亲的精神连接，但是要把情感从父亲转移到另一个男人身上，也让她感到非常不适。所以女孩嫁人的时候，面对父亲不禁潸然泪下，第一次和男人上床也必然

① 在动物世界中，注视/对视表示挑战，被打败后要把目光移开，否则表示你不服。只有人类需要关注。

如此。这是她在主动抛弃自己的“情人”，心里充满了负罪感。她需要得到父亲的原谅，不然无法消除自己的愧疚。

斯普兰格（E.Spranger，1924）将青春期称为人的第二次诞生，这次诞生经历的是人格的最终完善，但成长的剧痛让他们无法协调，所以从疾风怒涛到相对平稳往往要经历数年的时间。

其间，儿童还需要完成一个仪式，他们要和家中的强势权威发生分裂，举行叛乱，象征性地杀死或者打败权威才能脱胎成人，成为真正的成人。但他们对父亲（偶尔是母亲）的尊敬和爱又不允许他们这么做，内心极其矛盾。所以青春期是一个容易精神分裂的阶段，他们的情绪起伏很大，并易采取极端立场。

完成这个打败父亲的仪式，得到父亲的认同，他们自己就成了权威，于是，他们会产生对社会规则的尊重，并获得精神上的自我认同感，会有上进心而不是急功近利。如果这个仪式完不成，人没有得到对自己作为成年人的尊严的认同，就会变得唯唯诺诺或处处挑战规则，充满破坏欲望，象征性地再次挑战父亲，一生都在重复那个被权威打败的模式。或者他们会变得急功近利，急于向父亲证明自己的价值和尊严，欲速则不达，永远处于焦躁、抑郁之中。这是另一种成功恐惧症，对成功过度渴望，无意识动机却不断破坏自己成功的可能，因为他们知道自己在成人仪式上被打败了，于是一生都在重复这个模式。

又或者，他们要等待父亲垂垂老矣，躺在床上需要他们照顾的时候才能够二度发育，成为精神上的成年人。心理上的延缓偿付 / 延迟补偿（psychological moratorium）就是可以暂时合法地延缓补偿曾经缺失的仪式。

被接受、被包容

人们喜欢我的好，那是应当的；我需要有人看见我的不好，而仍然喜欢我。

——余宏

拥抱是一种神奇的维生素。拥抱就是给予，就是价值感；被抱就是被接受，每个拥抱都可以让人闪回到和母亲温柔相处的岁月，回到在母亲怀里被母亲的手轻拍背部的时光。

和母亲相处会有一种被接受、被包容的感觉，也就是被包住的感觉，前胸、后背同时有温柔的触觉感知。

对母亲来说，我们依偎在她的怀里，只要索要拥抱她就会给，我们就知道自己是被爱的 / 被接受的。没有在母亲（或其他重要他人）怀里亲昵地撒过娇的童年是残缺的，背上没有得到足够的抚摸，安全感就成了不可能。

包容是精神上的拥抱。包容是包容一个人的存在，没有任何附加条件，不会因为我们变得丑陋、没钱、学习不好、摔坏东西而改变。我们犯了错，母亲会护着，我们就知道自己是被包容的。幼儿不知道对错为何物，面对惩罚和威胁并不知道是自己错了，而是认为自己不该存在。包容、袒护、偏爱会赋予幼儿存在感，消除耻感、脏感，从而有能力启动力量，知道什么叫对、什么叫错。无法藏在母亲背后躲避惩罚的童年是悲惨的。

如果一切发展顺利，我们得到了精神上的拥抱，就有能力背向母亲的视线，向外开拓自己的领域。

我们把背后的世界交给母亲去打理。我们知道那里是安全的，然后我们才会有勇气面对前方的事情，并有力量去追求真正的成功和幸福。我们不用转身也知道自己是安全的，因为背后的母亲从未消失。

前胸还可以自己来打理，背部则只能交给别人去照管，所以安全感就集中投射在我们的背部。背后的拥抱，比起正面的拥抱来说，更加疗愈。从背后被人抱住的感觉是迷人的，不仅对女人来说。我们喜欢情人从背后抱过来，这是对最初的安全情境进行的模拟；我们也喜欢从别人背后抱过去，表达自己爱和给予的渴望，如同施与母爱一般。

正面的拥抱起作用的也是对方在我们背上的轻拍。背靠背聊过天的小伙伴，感情一般都好得不得了，他们会互相成为对方安全感的载体。

有反馈

我们这一生叫得最多的两个称呼就是“爸爸”和“妈妈”，从会说话到小学之前的安全感形成关键期，除偶尔的其他称呼以外，这两个称呼几乎是我们所有和人交流的起始用语了，承载着几乎全部的安全感。

如果父母的反馈是积极的，也就是每一声呼唤都有一个回应，或扭头微笑，或轻声答应，久而久之，我们就知道这个世界是温暖的、有反馈的，我们是存在的、被人接受的、有价值的。

如果没有反馈，也就是呼唤父母而得不到回应，父母总是爱答不理，忽视呼唤，我们就知道自己是不被接受的，存在感得不到认同。我们是不被接受的，自己的存在便是脏的、可耻的。这种感觉一旦在幼小的心灵里扎根，便会在成年后长成一个巨大的肿瘤，以各种丑陋的形式外化出来，比如自残、抑郁、厌食等。总之，就是求死之心。

武志红说：“善的对立面不是恶，而是冷漠，恶只是冷漠的衍生物。攻击欲不是天生的，而是从缺乏回应的绝境中生出的。”很多案主回忆童年时，说到自己的心曾死去，死去的原因是遇到了近乎百分之百的拒绝：无论自己如何呼唤父亲（母亲），都没有回应。

咨客雅彤回忆说有句话刺得她很疼，父亲说：“不要有事没事总叫我，你烦不烦？”那时幼小的她就认同了这个说法，没有大事不打扰父亲。但呼唤并得到回应，并攒够一定的次数，是小孩子的本能需要。他们需要在呼唤和回应中确立亲子之间的关系，以父亲/母亲的回应来夯实自己的人格地基。

于是，雅彤就变成了一个总是惹是生非的小孩，不断制造“大事”来满足这种本能需要。其间她是没有觉知的，内在的声音只是渴望多叫几次“爸爸”并得到回应罢了。既然顶撞老师可以使自己有机会叫爸爸来，那就顶撞呗。既然这次顶撞的结果很好，那么下次有机会再顶撞呗。

雅彤还说，每次都得连续叫三声以上的“妈妈”，母亲才会有反应，单声的都没有回应。于是，“妈妈”这个词在她看来，并不单独存在，而是和急促、焦虑、紧张、威胁等词相连。

正常的亲子交流方式是先在情感上接上头，然后再交流信息。孩子叫一声“妈/爸”，母亲/父亲有回应，时间停一下，完成情感连接，之后再开始信息上的交流。

雅彤母女俩的互动方式，的确让人心里发寒。女儿叫一声“妈”，母亲就像木头一样没有反应，又叫了一声，母亲还是懒得扭头，她第三次叫，母亲变得不耐烦：“好了好了，有话你就说啊，我又没有聋。”

我心想：这是怎样一个以自我为中心、以女儿为“无”、内心荒凉的、自私自大的、冷漠的女人啊。但进一步了解之后，我发现其实雅彤的母亲并不是一个自私冷漠的人，她认为自己真的很疼雅彤，但雅彤总是感受不到。我解释说：“正是这种交流方式，让爱的流动堵塞了。只要你能在雅彤每次叫‘妈’时都微笑着回应一下，雅彤的问题自己就会解决。”

雅彤的母亲反驳说：“每次她叫我都没什么正事。”天啊！亲子之间能有什么大事需要处理啊？如果没有一些温情脉脉的废话，那还叫什么亲情啊？传递信息的语言无法建立情感，建立情感的语言都没什么用，请牢记！

如果没有得到疗愈，雅彤将来必然会在她和她的女儿之间复演这一幕，以证明“任何女儿都无须母亲的反馈”，保护那个没得到反馈的自己。于是“冷漠”（或者叫“高冷”“傲娇”）这种品质就遗传了下去。

对母亲 / 父亲的呼唤得到积极回应是最疗愈的。有些咨询师虽然比较年轻，但会建议并允许案主管自己叫爸爸 / 妈妈（这是违反规定的），治疗效果非常好。天主教会中，人在受洗之后都会新起一个教名，并认领自己的代父母。

姓名是父亲和母亲的载体

有非我（other），才有我（I）。宇宙分裂后，也就是和母亲分裂后，人就第一次有了自我意识，为了标注这个自我，我们会把名字内化成自己，名字就是我，名字的参照面就是母亲，因母亲的存在而存在，和母亲的关系的质量决定它是一个祝福还是一个诅咒。歌德说过，人对自己的名字非常敏感，他对自己名字的敏感度，不啻于皮肤的触觉。姓名是一个人最表层也最深刻的代表，它内化得如此之深，深到让人吃惊的地步，比如我们很容易在嘈杂的环境中辨认出自己的名字，听到自己的名字时连呼吸、脉搏、皮肤电[①]都变了。

在一个实验中，萨克曼录下很多人的名字，其中一个是被试自己的名字，比如Mary（玛丽）。然后他把这一串名字播放给被试听，随后让被试回忆听到了哪些名字。根据生理反应的检测，被试在听到自己名字的时候，脉搏、血压和呼吸等都出现了高峰；而且，被试回忆起的名字，大多都围绕在自己名字前后。被试对自己的名字产生了更强烈的反应，而且进行了精细的加工，并且对自己名字前后的信息都加强了记忆。

名字是人的身份的第一部分，包裹着母亲/宇宙和人的关系，它是基础安全感的载体。

名字有自己的性格，不仅名字里携带的信息会影响人的自我意识，而且它本身就几乎等同于人的自我意识，承载着个体在以往经验基础上形成的对自己的概括性的认识，所有关于自己和宇宙的核心信念

① 皮肤电反应，早期称为心理电反射，是由个体情绪变化引起的皮肤电阻的变化。费利（Fere，1888）将两个电极接到人的前臂上，他发现当用光或声音刺激时，人皮肤表面的电阻会降低，电流会增加。

都在此基础上展开。我们会在自我意识的基础上加工有关自己的信息，受自我意识的影响，个体记住的往往是对自己有意义或者以前知道的东西的延伸，当信息与我们的自我概念有关时，我们会对它进行快速的加工和很好的回忆……名字就是自我意识。

除了自我意识，名字还包含父母对孩子的期待，也就是超我中的自我理想，而任何期待总会有成真的冲动。

> 罗森塔尔和福德（Rosenthal，Fode，1963）让学生做白鼠走迷宫的实验，他们告诉学生，这些老鼠有的笨、有的聪明，但实际上它们来自同一个族群。结果学生发现，聪明的老鼠比笨拙的老鼠出现的错误要少，而且差异具有统计显著性。似乎可以推断，训练聪明老鼠的学生实验者更能鼓励老鼠去通过迷宫，这样，实验者本身的信念经由无意的暗示和鼓励，作用于被试，使得实验结果朝他们期待的方向发展。

但当自我理想和自我意识相差太远时，人的身心便会孱弱。比如一个女案主叫“× 亚鹏”，她病得很严重。她是一个敏感纤弱的女孩，和这个名字不搭。她弟弟叫“× 亚龙”，是一个高大、威猛的山东大汉，估计她家人也是这样期待她的吧。叫这个名字不生病成了不可能。她的心理和身体问题在改名之后的半年里都得到了明显的改善。

还有个男性案主叫龙刚。看到他父母的第一眼我就震惊了，同时也明白了。两个人都是那种一看就满脸病容、瘦弱不堪的人，给孩子起这么个名字自然是寄托了美好的祝福。但是基因已经决定孩子不可能成为那样的人。结果你看，这个案主比他父母更加瘦弱，满身疾病，精神障碍也成了一种必然。我还在生活中遇到过叫作谢天正、柳大洪的女人，以及叫作白如雪、马娇娇的男人。不知道这些名字到底寄托了什么样的无意识期待啊，但我猜深深的无意识海底一定充满了躁动、冲突、分裂、不安吧。这些不安，人们自己是没有觉知的，所以影响是由不得他们的，自我改变也是无能为力的。

当我们把父亲统一进自我中去，就会认领自己的姓，当姓（代表父亲）融合在自我概念之中，人格基本上就初步构建完成了。姓凝聚着我们固有的气质，隐藏着我们对社会和人生特有的看法。姓对我们来说如此重要，测谎仪甚至可以检查出你的男朋友姓什么，当读到你男朋友的姓的时候，你的皮肤电、脑电等各个方面的指标都会瞬间改变。

当你和任何其他人进行人际交往，首先要告诉别人你姓什么。当你告诉别人你姓什么的时候，实际上是告诉自己你父亲是谁，闪回到父亲和你的关系，是亲近还是冷漠，和平还是紧张，包容还是苛责，平等还是掌控？你是需要压缩还是舒张自己的人格？是会成为宠儿还是被疏远的个体？从一开始，你就有一个预言，并在之后去验证和实现这个预言，无意识动机开始起作用。父亲是冷漠的或有攻击性的，你就会知道面前这个人 / 这些人也会像父亲一样，和你处于那样的关系。这种预言会自动变成现实。

我们还需要父亲来确定自己的性别身份。我们都是从幼儿时的双性体质中发展起来的。上幼儿园之前的孩子不知道自己是男孩还是女孩，遇到有人问这个问题，他也许会跑回家去问："我到底是男孩还是女孩？"

上了幼儿园之后，我们开始从父母的互动中知道男人和女人不同，开始知道自己是男还是女，开始对异性父母更有兴趣，和同性父母竞争，但是我们解释不清这到底是为什么。这是人第一次有模糊的性别取向，人要从父母的互动中学习自己的性别，从他们的互动中延续男人和女人的关系。比如刘锦的母亲很强势，经常对父亲进行家暴，所以一方面刘锦自己就很强势，无法和任何不尿的男人建立亲密关系，但另一方面，哪个尿男人都像她父亲，这样，乱伦禁忌就开始起作用，她也无法允许自己对男人动情。总之就是无法动情。于是她解释说："也许我是拉拉吧。"但当她尝试和女性建立情感联结，却发现自己同样很抗拒。于是她说："也许我是无性恋吧。"但当她加入"酷儿（Queer，原意'奇怪的'，指性少数群体）俱乐部"，却发现自己更加空虚，于是有了自杀倾向。

到了上小学的时候，我们开始知道男女该进不同的厕所，男孩和女孩是不一样的。这是我们第一次开始认领自己的性别。男孩开始脱离母亲，更喜欢父亲，开始寻求自己作为男人的榜样，父亲就是第一个榜样。他知道，自己更像父亲。女孩开始知道自己更像母亲，开始对自己的性别和身份加以确认、认同、内化。

如果在这个时候父亲缺失，或因为和父亲关系疏远没有内化“姓”，性别认同就会发生紊乱。男孩没有可以内化性别的模板，就无法完全认同自己作为男性的存在；女孩无法认同父亲，女性身份就会发生自我萎缩。

在幼儿阶段人不知道死亡是怎么一回事，他们认为自己/母亲是全知全能的，如同神明一般。但在幼儿园大班和小学阶段人开始发展理性，他们可以意识到自己的存在，但不能接受自己的存在将会随着日升日落慢慢消失。人身上最后一丝神性消失了，完全从神坛上落下来，这时我们开始对死亡产生恐惧。知道自己会死是痛苦的，我们需要给从自己身上分裂出来的神性找到寄托。这个寄托的载体，就是自己认可的权威，也就是父亲（偶尔是母亲）。父亲是这时候的权威，我们无条件服从他，就像信徒无条件服从自己心中的神。我们认为这时候的父亲就是神，用以缓解内在的焦虑。中国是世俗社会，不信原罪，不信上帝，血脉崇拜就是宗教的替代品，姓就是血脉的载体。

如果这个父神不爱自己，或不爱自己的母亲，或有一大堆会让孩子看不起的缺点（比如酗酒），甚至会攻击自己……孩子的精神世界会变成什么样呢？上帝没了，魔鬼还会远吗？

CHAPTER

3

不安全感的结果

人能享受兴奋、宁静、愉悦的生活，都是心底安全感的表现；人在成年后遭遇的所有问题，都是最初不安全感的变体、外化和泛化。

01

替代满足 & 延迟补偿

正如动物受伤后的躁动，不安全感来自心底的伤——那些里面还没长好但外面已经结痂的伤口。结痂后就转成内伤了，隐性的疼痛更厉害。

人们会在其他关系中寻求替代性的满足，以延迟性补偿父母之爱的丧失。

从上面这句话里可以引出两个名词，第一个是“替代满足”。有一个经典的实验范式称为“我想要一个苹果”。也就是当一个孩子想要一个苹果（或别的东西）时，不给他苹果，而是给他别的东西，比如给他一个梨、一个拥抱或一句安慰。

M. 奥夫西卡娜研究了替代满足。她阻止儿童做某件事（比如孩子正想踢球），叫他做另一件事（打扫卫生或拍篮球），完成以后儿童是否还想做前一件事呢？实验证明，凡是性质相似、生理唤醒水平相等的活动，完成第二件事之后，正常的孩子就不再试图去做被阻止的第一件事了。正常人对两种类似工作所引起的两种紧张系统，可以互相沟通，因此可以互相代替满足。所有执着于第一件事的孩子，成年后基本上都偏执，但这种异常情况的比例很小，一般孩子都能被替代满足。

替代满足是必需的，惩罚（包括吓唬、责骂）不行，惩罚只能消除外在行为，并不能消除内在冲动。

替代满足要及时，否则未被满足的紧张系统就会慢慢积累，人慢慢就会忘记自己当时想要的只是一个苹果，他只记得自己曾经因没有得到某个东西而非常失望，这种丧失感挥之不去又解释不清，于是会换一个人生阶段进行索要，不断地索要却永远求而不得。因为忘了想要什么，所以才最危险。这种记忆只能通过深度催眠才能恢复，人才有疗愈的可能。

第二个词是“延迟补偿”。弗洛伊德解释说：一个人总是吸烟，嘴里停不下来，就是延迟性地补偿曾经没有吸够奶水的丧失感。一个人手里总是要抓着点什么东西或者总是有小动作，手脚停不下来，就是延迟性补偿幼儿期的游戏不足。“春困秋乏夏打盹，睡不醒的冬三月”就是延迟性补偿小时候的睡眠不足。妻子禁不住从丈夫那里索要情感和关注，就是延迟性补偿父爱的丧失感。女人从一个男人床上跳到另一个男人的床上、做小三成瘾、妓女情结等，就是试图延迟性补偿自己缺失的父爱。男人禁不住急功近利，就是试图延迟性补偿自己从父亲（或者强势的母亲）那里没有得到的认同和价值感。

成年后的替代满足都是延迟补偿，补偿二三十年前缺失的那些无论如何都想不起来的东西。它一般是消极的，同时是无意识的，所以是永不满足的，永远躁动的。原因不明、位置不明的内伤会让人隐隐作痛而不知所措，人会像憋着一股子邪火，引而不发只是因为没有机会，一有机会就会爆发出来，施加在他们可以掌控和伤害的弱势个体身上。

比如雅彤，一个因为不好好学习而被打断胳膊的小女孩（她现在已经是一个 37 岁的女人了），她的潜意识中深深地记得一个高大、比自己强壮、与自己最亲密而且酗酒的男人，可以给自己带来什么样的威胁、恐惧和快感[①]。然后呢？当她长大成人，自然会仇视社会、恐惧男性；另外，她在不断寻找能引起自己情欲的男人进行打击，只攻击男性，且只攻击会引起她激素水平上升的男性。但在做这件事时，她是没有觉知的。她对任何一个男人动情的时候都会升起一股无名之火，还夹杂着恐惧，只能打着各种旗号打击男朋友的人格，压制他。雅彤一再强调自己多么爱他们，所以必须攻击他们。她自己是控制不住自己的，因为她不知道任何其他表达爱的方式。

延迟补偿是错位的补偿，有三个特点：第一，过度补偿，一吨苹

---

① 父母总是儿女第一次性冲动指向的对象，性激素会因身体接触而猛增。因儿女恋母恋父，导致的性刺激更强烈。被异性父母肢体攻击，女儿下体会湿润，儿子生殖器会勃起。没感知到，只是被人压抑到潜意识中，或干脆否认。

果也无法弥补当年那个没吃到的苹果；第二，故意表现出无能，表现出与愿望相反的行为，所以雅彤说自己也不想这样；第三，避免寻求帮助，所以雅彤坚决否认自己的问题，家人建议她看医生，被她认为是对她无情的攻击。

母亲是男孩的第一个“恋人”，父亲是女孩的第一个“恋人”。如果这第一次“恋爱”很完整，人会从恋母情结和恋父情结中解脱出来，从而把正常的男女之爱指向对自己好的人，这个人因为情感独特，所以是宇宙中独一无二可爱的个体。但是，如果这份恋情是不健康的呢？

他们爱上的不是任何个体，而是一种脸谱式的类型人。任何异性个体都不是独一无二的，而是可以互换的。她们喜欢帅哥而不是吴彦祖，喜欢“多金男”而不是马云。男人同理。当人们无法认同任何一个异性个体，而是认同一个标签，就会给自己设置一个过高的标准，从而无法看中任何异性个体，导致大龄难婚。①

这个标签后面会隐约藏着一个人，一个不可能的人。每个人心里都有一个不可能的人。这个人是她 / 他理想化的恋人，错过了所以悲伤。

实际上这个理想化的恋人是脱离实际的，并不真正生活在地球上，而是生活在她 / 他的想象之中。李敖讲过一个故事，他多年后想回去

---

① 其实，除了选择恋人时使用标签，有些人对待其他任何人也只以标签进行认知，包括他们自己，总之就是无法认同和尊重任何人作为个体的存在。

看看他曾经的梦中情人，于是西装革履如小男孩般紧张地赴约，结果见到她后表示："我简直要逃掉。"

这样的恋人是相见不如怀念的，因为他们是理想化后的恋人，并不真的存在于地球上。这个恋人只是一个寄托，承载着我们最柔软、最无助、最纯真的丧失感。

只有少数如小英一样的人才有机会知道，得到了那个恋人之后并不能满足自己，丧失感依然还在。她和丈夫的故事颇为传奇。为了和当时的还是她男朋友的他结合，她不仅要冲破两个家庭的阻挠，还要过五关斩六将，干掉所有的情敌。当她终于如愿以偿地得到这个恋人后，灾难就不可避免了：她发现他不是自己想象中的那样，于是她要求他变得像她想象中的那样，她成了一个情感勒索者、改造者、上帝在家庭中的代理……10年间，她从丈夫身上索要，从儿子身上索要，从女儿身上索要，不断地索要……

其实那份丧失感早就存在，从未消失，也并不会因为你得到那个恋人而消失，因为那个恋人也只是丧失感的载体，得到他/她后丧失感不会消失，而是会转向另外一个载体或变成另外一种形式。

那么，这份在这个恋人出现之前早就存在的丧失感，到底来自何处呢？

一个没从母亲那里得到足够爱的男人（没从父亲那里得到足够爱的女人）也会看到某些让他们一见就怦然心动的人。他们看到这个人就感到莫名其妙的熟悉，莫名其妙的亲切，那是真正的心动。原因很简单，只是因为这个人带着他母亲（她父亲）的影子，不管是长相、性格特点还是某些习惯。他们心底深深地知道，要替代满足和延迟补偿，非这个女人（男人）不可，因为她们（他们）真的好像！但这个逻辑，他们是没有觉知的。

但这种相似只是表面的相似，而且往往是缺点上的相似，冷漠、酗酒、有暴力倾向等。比如那个被打断胳膊的小女孩在20年后，找到的所有男朋友几乎都是她父亲的翻版：高大、强壮、有暴力倾向，有两任男朋友还都把她打得卧床不起。她说自己最讨厌这种男人，但每任男朋友都是如此。无意识动机是很明显的。

她说自己可以温暖这种男人的心，但其实她并不伟大，而是有一个很私人的理由，连她自己都不知道，至少不愿承认。她现在长大了，也许可以征服父亲了，而眼前这个男人的所有缺点也都是父亲的，只要征服了眼前这个男人（不管用什么手段，包括通过挑动他施暴或自虐，让他觉得自己道德缺失），就能满足自己。任何其他人，无论他多帅、多有钱、多爱自己，只要没有暴力倾向（甚至不酗酒），她就没感觉，嫌弃他没有哲学层面上或小说中的那样帅、有钱和爱自己。

面对一个男人 / 女人，和父亲 / 母亲一样有暴力倾向 / 冷漠，一种既爱又恨的模糊感油然而生，性激素开始分泌，焦虑感和刺痒感开始发作，内在的冲动开始躁动……这就是实打实的恋爱的感觉。所以，女人爱上一个男人，往往是爱上他的缺点，而这些缺点作为心动点，只对她一个人有效。而且女人往往爱得死去活来，赶都赶不走。“坏男孩有人爱”“鲜花插在牛粪上”“有一种爱叫作放手，你偏偏遍体鳞伤也不懂，头破血流也不回头”，这都有科学和逻辑上的基础。

没被异性父母满足，就只会对标签式或父母式的异性（或其反面）感兴趣，并把亲子关系投射到恋爱关系中去，像要求父母那样要求恋人。她/他要么无法爱上个体，要么企图从这个男人（女人）身上找回曾经的感觉，赢回曾经输掉的那场战争，并最后再次输掉。亲密关系中的战争，都是在重复他们和父母亲之间的爱恨交织。

为什么找不到感觉（feel）呢？因为那个人无法激发你儿时的情绪，那些已经化作本能的情绪，性激素一直处于休眠状态。受伤家庭和受伤家庭的孩子就特别有感觉，健康家庭和健康家庭的孩子也特别有感觉。如果两个人家庭环境的质量不同，出现了差异，就不会有感觉。

受伤家庭中出来的孩子，最好不要相信自己怦然心动的感觉，因为激活性腺的只是表面的相似。而且，父母即使曾经再暴烈，也会对子女怀有本能的爱意，即使以冷漠、拒绝、攻击的形式出现，至少也是有的。现在可不同了，两个人不仅很难有共同语言，互相认同，而且没有亲子之爱（哪怕再少），所以你必定在新一轮的战争中再次输掉，而且比第一次更惨。

但是为什么总有很多“病人”出现在你的面前呢？英雄都扎堆，神经病也是。如果经常遇到一类人，你特别喜欢，但跟她/他相处总是很虐心，你就需要考虑，你的某一些气质和性格可能有吸引这类人的潜质。如果你看到一个人，觉得她/他对你有莫名的吸引力，那请你先仔细考虑一下是不是她 / 他的冷漠和拒绝吸引了你，是不是她 / 他的暴力倾向吸引了你，或者她 / 他像你的父母一样“没有良心”，惯于忽视你的存在……我们天生被他们吸引，明明很受伤却还要继续，感觉自己被吸干了，仍然要贴上去，因为我们从他们身上看到了第一次恋爱对象的影子。性腺被激活了，感觉是真实无误的。

当人真的无法从父亲那里得到足够的认同，还会发生一件事，他们会特别注重哥们义气，俗称“仗义”，付出过多的友情就注定会被朋友背叛。他们把最真挚、深刻的情感分给了很多人，而这些过多的人中，一定会出现一个或一些人无法感同身受，尤其是遇到金钱纠纷的时候。所以仗义的人最终一定会遇到一个专门利用这份不平等情感的人，并被背叛。

父母这种精神上的存在，还可能会被一个或多个长辈替代，导师、师傅、姑姑、哥哥……他们都会填补缺失的父母的位置。与导师、师傅、姑姑、哥哥之间，可能也会有真正的父子或母女之情，填补人心里的那个洞。但找到这样的载体真的很难，所以真可谓“缘分”了。

02
负性快感

操纵和摧残，是有快感的。自残也是。那种美妙的感觉，只有自己能够体会，真真切切，令人着迷和上瘾。

——雅彤

愉悦是一种能力

人在情绪反应时，往往伴随着一定的生理唤醒，身体分泌的肾上腺素等激素升高，心跳加快，血压升高，血氧含量升高……躯体便处于兴奋状态。一般情况下，此时脑内的多巴胺这种神经递质的释放也会达到顶峰。大脑和身体同步、合一，这就是真正的愉悦感。

激素的分泌是基因决定的，但多巴胺的分泌是一种能力，不同人不一样，取决于大脑相应组织的强弱。大脑组织的良好发育，就像肌肉的良好发育一样，需要反复充血。如果儿时和父母互动的愉悦体验不足，大脑组织就会发育不良，大脑组织发育不良就像肌肉组织发育不良一样，会力量不足，多巴胺的生成、释放能力以及多巴胺受体的活跃性就都成了问题。

大脑和身体无力同步，人们就很难感受到真正的愉悦感。当身体的激素含量升高，身体处于兴奋状态，而大脑此时体验不到愉悦感，会发生什么事情？人的身体会寻求额外的满足。为了区分真正的愉悦感，我们把这时的快感称为负性快感。

父母爱够了你，你才能拥有愉悦的能力，才能内化他们；拥有完整的人格和充足的安全感，你才会爱自己，爱自己才能爱别人，一切其他才有可能。失去和父母的连接后，安全感就几乎立刻跌到冰点，人也缺失对自己作为人的认同。

宗教提供了两种治愈的哲学，一是做加法，二是做减法。加法就是把“自我”的概念扩大，从“自我”（I）变成“众我”（We），如同约翰·邓恩牧师的布道词《丧钟为谁而鸣》一般：

没有人是自成一体、与世隔绝的孤岛，每个人都是广袤大陆的一部分。如果海浪冲掉了一块岩石，欧洲就减少，如同一个海岬失掉一角，如同你的朋友或者你自己的领地失掉一块。每个人的死亡都是我的哀伤，因为我是人类的一员。所以，不要问丧钟为谁而鸣，它就为你而鸣！

减法来自佛教，是把自己的欲望和需要一点点去掉。你不是缺少母亲的关爱和父亲的认同吗？我告诉你，人得出家，从前的父母兄弟、妻子儿女都不再是你的家人。你不是缺少关注吗？我告诉你，人不需要关注，你得到深山老林远离尘世才能修炼。你不是缺乏自尊和价值感吗？我告诉你，人本来就狗屁不是，一钱不值。你不是没有存在感吗？我告诉你，一切都是空的，连你都是空的。

但是宗教上的智慧，那都是大智慧，一般人可做不到，那么一般人在做什么呢？

正性快感缺失，人们便会寻求负性快感。在他们看来，世界上只有两种人。一种是他们可以操纵、摧残的，一种是会折磨他们的。只有可以威胁到他们的人才会被视为上宾，等同于父母权威，不可亵渎。在另一种关系中，他们则要扮演施虐者的角色，凡是对他们好的，都是安全的，所以可以折磨。总之一句话，凡是不虐待他们的，他们就进行虐待：首先是操纵，操纵不得就进行攻击，如果攻击不了外界，他们就自残。

操纵

他们会追求权力，以操纵外界而获得确定掌控感（如前所述，确定掌控感即基础安全感）。但是权力可不是那么容易获得的，因为生活中必须出现一个或一些比你更弱的人才行。这将在本章后面几节详述。

如果没有获得真正的操纵权，他们就会在信念上形成类似有操纵权力的变体，以自己的意愿为出发点，拥有一些“人/事必须如此/不如此”的信念。“我/世界应当是那样的。”这句话是权力欲受挫变形后的产物，是发出指责和不满，替代性地满足人们的权力欲。

某些信念表面看起来非常有道理，实际上非常荒唐。我们每个人都有这种不合理的信念，充满了“应当”（should），也就是把“想要”“希望”等变成“应当”“应该”“一定”“必须”“绝对”等。

这些“应当”都以自我为绝对中心，对世界充满了操纵欲，所以富有攻击性。

第一种“应当”：“生活应当是公平的。”“世界应当是美好的。”“公司的制度应当是这样的。”“校长怎么能这样呢？”这几句话透露出，案主企图成为神在人间的代理，是还没从全知全能的神明状态中脱离出来的婴儿。他企图插手老天的事，企图干涉自己力所不能及的事情，注定会产生无助感和挫败感。

娜塔利·戈德堡说过，生活不会总是井然有序的。不管我们怎样努力想让生活变得有条有理，意外总会发生：恋爱、死亡、受伤、祸从口出。爱因斯坦说过，发生重大问题时，以我们当时的思想水平往往无法解决。

存在分析理论认为，人的主要动机是要理解生存的目的与意义，揭示自己生存的秘密。案主要逐步认识到死亡、痛苦、不确定性的必然性，知道自己不可避免地会体验到焦虑、恐惧、失望以及世界和自己内心的罪恶，懂得只有忍受这些焦虑和痛苦，才能在与这些困难做斗争的过程中体验到自己的存在。

第二种“应当”：“卑劣邪恶的坏人，都应当受到严厉的惩罚。”狡诈是一种病，是病就会有人得。虽然数量比较少，但坏人是一种客观存在。人群中会有反社会型人格障碍患者，最新统计的发病率在发达国家为4.3%～9.4%，DSM-5[①] 则声称发病率为0.2%～3.3%。中国台湾地区为0.3%，大陆没有做过统计。

反社会型人格障碍的特征包括但不限于：

a. 外表迷人，智力中上，初次见面给人留下很好的印象。

b. 无责任感，无后悔之心，无羞耻感，即使谎言被识破也泰然自若。

---

①《精神障碍诊断与统计手册（第五版）》（*The Diagnostic and Statistical Manual of Mental Disorders*），简称DSM-5。

c. 病态地以自我为中心，自私，没有爱和依恋能力。

d. 存在性顺应障碍。

反社会型人格障碍患者是绝对以自我为中心的，但不是每个人都把“坏人”两个字写在脸上，他们的第一个特征（a）就是很有魅力，一般都是道德领袖，口才了得，长相不俗（至少中等偏上）。毕竟吸引不到人，就没法坑人。

成熟的第一步是遭遇坏人，第二步是接受反社会型人格障碍患者的比例，因为你知道反社会型人格障碍患者毕竟是少数。不懂世故而不世故是幼稚，知世故而不世故是最成熟的善良。

第三种“应当”：“我爱的人必须爱我，否则这就是一个无法容忍的灾难。”人际关系的黄金法则是：你希望别人如何对你，你就应该如何去对待别人。但案主常错误地运用这个法则，他们的观念可能是“我对别人怎样，别人就必须对我怎样”。这是“反黄金法则”。没有人能够在意识层面控制另一个人的自由意志，上帝都不能，人就更甭提了。你喜欢他 / 她，他 / 她就得对你好，你以为你是西门庆还是镇关西？

摧毁（攻击）

人们并不欣赏美。美丽的东西不是用来欣赏的，而是用来蹂蹦的，丑陋的东西并没有践踏的价值。

——雅彤

弗洛伊德在晚年给自己的理论加上了一个“死亡本能”。无法在生（或者马斯洛说的“上升”）中自我掌控，就会有一种自动的替代选择——毁灭欲，获得摧毁过程中的确定掌控感，即基础安全感。

为了获得这种掌控感，人会长出锋利的尖爪和牙齿，进行破坏和摧毁。当不能用爱构建关系时，就用恨来建立；当不能建设时，就要展示自己的破坏力量。

小孩子遇到世界的冷漠、忽视，或被人当作不存在时，就会通过摧毁来获得负面的关注，负面关注总比没有关注强。所以他会无意识地主动调皮捣蛋以获得被打的机会，这样感觉最起码还有人理他，至少世界还是有反馈的，还是需要他、认可他的存在的。温尼科特说过，孩子的反社会行为是养育失败的结果，孩子用反社会行为呼唤关注。

这样的孩子在20年后，会变成家庭中的施害者。雅彤的父亲因女儿不爱学习，一怒之下打断了她的胳膊。警察问：“是亲生的吗？”“是。”“为什么打这么狠？”“她不好好学习，我不是为了她好吗？天底下有不爱儿女的父母吗？我不教育她，将来没出息你管啊？”

这是什么混账逻辑?！如果认为“我不是为了她好吗？”是导致他愤怒的原因，那可实在太荒唐了。实际上，更深层的理由是“我无法‘上升’，所以谁也别想‘上升’。通过攻击她，我会觉得舒服一点，而女儿应当承担我的发泄桶的角色，因为她是我唯一可以施威的对象”。

女性则善用冷暴力，施加精神攻击，她们总是急于否定和论断（“你不行”“别人家的老公不是这样的”），从别人的自我怀疑中获得自信，从施加的痛苦中获得存在感，以自己施加的痛苦的程度来度量自己有多被爱。同时，“我可不会爱你，我只知道美好的东西被摧毁了就够了，我掌握了你的‘下降’”。施加痛苦并感觉到对方的痛苦，会让她们得到反馈和鼓励，有种自我实现的充实感。

他们在不断地破坏和施虐，却发现总是满足不了，所以处于永恒的躁动和焦虑之中。他们还会在办公室里大嚷大叫，发号施令；跟下属吹牛自己有多么厉害；天天炫耀一些他们偶尔拥有却很快就会失去的东西……他们要一次次不断地确定：别人是痛苦的，我是可以施加痛苦的，所以我存在。

自残：失败成瘾症及其他

如果攻击不了别人呢？那就攻击自己。当攻击不动世界时，向外的摧毁本能开始朝向自己。人的受教育程度越高，越容易心灵扭曲，因为他的超我不允许他把这些摧毁本能发泄出去，所以他只能攻击自己并体验极度焦虑中的极乐快感。

求死是一种本能，自己在“下降”过程中产生的掌控感，十分愉悦。他们为了吐痰才吸烟，为了受虐才挑衅，为了被老师批评才不做作业，为了学不好才上网……“我就说自己会考倒数十名吧，真准！”

痛就能感觉到存在，所以痛中自带快感。大脑中有一块叫伏隔核，伏隔核同时负责痛感和快感，痛感和快感本为一体，所以所谓极乐，就是痛感和快感夹杂的感觉。

为了寻找这种极乐快感，人会自残、会受虐，会追求各种常人体会不到的快乐。受虐很爽，被骗也很爽，自残也很爽……这些正常人觉得不爽的事，他们会觉得爽。自虐是有快感的，包括肉体上的自我惩罚和精神上的自虐，那种感觉对他们本人来说非常美好。极乐的感觉，只有当事人才能理解。

极乐快感：人为什么会对折磨自己的东西欲罢不能

1954 年，美国心理学家詹姆斯·奥尔兹（James Olds）和彼得·米尔纳（Peter Milner）做了一个著名实验，他们把电极埋进小白鼠的脑袋里，想知道电流刺激会不会让它们产生厌恶感。大多数小白鼠都产生了厌恶感，这是很自然的。但是，其中一只小白鼠的行为却很诡异，它不仅不讨厌电击，反而好像很喜欢，它不停地按动电钮接通电源，直到精疲力竭而死。这引起了奥尔兹和米尔纳的兴趣：难道这只小白鼠有自虐倾向吗？于是，他们精心设计了另一个实验以便进一步测验。

他们做了一个踏板，可以控制电流刺激，只要小白鼠一按这个踏板，微电极就会电击它们的大脑。结果，小白鼠一学会按压踏板，就以近乎疯狂的热情来刺激自己。每只小白鼠都以极高的频率按压踏板，每小时多达7000次，直至筋疲力尽，呼呼睡去，但一醒来就又会去按压踏板。为了进一步搞清小白鼠对这种刺激的迷恋程度，他们特意在小白鼠旁边摆上食物，并在小白鼠和踏板之间放上一个带电网格。但小白鼠们竟然对旁边的食物置之不理，不顾触电的痛苦，拼命爬过带电网格，扑向那个能刺激它们的踏板。后来这个实验在医院神经外科病人那里也得到了类似的结果。

他们发现，受到电极刺激后的病人报告可以体验到轻度的快乐。由此，奥尔兹得出来一个结论，大脑的这部分一定是一个产生快乐的中枢，他把它称为快乐中枢（pleasure center）。

原来，这个不小心被插错电极的地方，叫作伏隔核，含有多巴胺类神经元。只要小白鼠按一次按钮，大脑就会因受到刺激而聚集大量的多巴胺，而多巴胺是高成瘾性药品如可卡因、安非他命的作用媒介。

有一种病我把它称为失败成瘾症，有别于成功恐惧症。人通过攻击自己的事业获得自残快感和掌控感。这种自我攻击会让人产生快感，仿佛能够自我掌控堕落的过程。攻击自己需要一个过程，首先就是树立一个不可能的目标，为自我摧毁和自我挫败打个基础。

“在生活中，每个人都应当得到其他人尤其是权威的喜欢和认同。”这其实不是心里话，心里话应该是：“在我的生活中，我应当得到其他人尤其是权威的喜欢和认同。”

无可否认，人是需要别人的喜欢和赞扬的，能够得到自然好，但如果把这当作“应当”，就极其不合理了，因为这是不可能实现的。客观事物的发展有其自身的规律，周围的人和事不依个人的意志而转移。

这种不合理的信念并不是正常动机，而是无意识中对自虐快感的寻求在起作用。所有人都有获得成功的愿望，但如果要求自己应该（其实是“必须”）成功，这就是一个不可能实现的目标，只是无意识动机在给自我挫败打下一个基础，因为他的内心深深地知道成败得失不由人，尤其是在一个利益格局已经固化的社会环境中，自己要求的那种成功是极其罕见的事情。

享受参与的过程和取得一些小成就，才是普通人能做到的。但自虐快感才不理这些东西。一个缺乏安全感又没有在操纵和攻击他人中获得替代性满足的人，总是坚持他应该（也就是“必须”）拥有某物，而不只是想要或喜欢它而已。这种极端化的需求无论应用在生活的哪个方面，都会使人陷入极度的情绪困扰和兴奋之中。没有人不是普通人，过分要求自己有成就，为自己设定不可能达到的目标，就只能在自己导演的一轮轮悲剧中徒自悲伤。

然后他们会根据这个自己不可能完成的过高目标，对自己进行过分概括化的糟糕至极的评价，完成自我攻击，沉浸并陶醉在极度的负性情绪体验中。过分概括化就是以偏概全，把“有时”“某些”过分概括为“总是”“所有”等，或者干脆省略不说，如“我真的是个废物”。通过看不起自己，让自己看起来更好，说这句话时，他们内在的快感是爆棚的。

这种掌控感也就是基础安全感，后果是灾难性的，逻辑上是不堪一击的。我们来分析一句话：“我总是被生活打垮。”这句话听着好像挺有道理，但实际上非常荒唐，只是人获得自怜快感的一个工具。

首先，“我”。不，每个人都会遭遇一些问题，所以“我”是不是应该变成“人们”？

其次，“总是”。生活不会总是好的，也不会总是坏的，世界上没有“总是”这种东西，好、坏各一半吧，不如把“总是”换成“有时候”。

再次，“生活”。生活不会打垮任何人，是生活中不好的那部分打垮了人，对吧？所以不如换成“生活中不好的那部分”。

最后，“打垮”的含义到底是什么？站不起来了，工作不了了，死亡了……那才称为“打垮”。一般人顶多算是“暂时不太好”。

所以，“我总是被生活打垮”，就是一句针对自己的过分概括化的糟糕至极的评价。这句话客观一点说就是：“人们有时会被生活中不好的那部分弄得暂时不太好。”

自我毁灭欲还会让人喜欢麻醉剂，并成瘾。麻醉剂有两个特点：第一，它会麻醉神经，让人暂时不再感受到虚无的痛苦；第二，要有害，没有害处的一般不会被选择。

麻醉剂本身并不能让人上瘾，因为无法对人造成伤害，人会失去自我摧残时的掌控感。无毒就不会上瘾，人们只是需要这种自残时的快感。

我们知道“醉”人眼里出西施，也就是喝酒后，人觉得他人变得更有吸引力。而现在又有研究从另一个方面提出：醉酒后，我们眼中的自己也变得更有吸引力。

2013年，劳伦·贝格等在《英国心理学杂志》上发表了一项实验。他们在法国的一家酒吧询问了19个顾客，请他们评价自己的吸引力，结果发现酒鬼身上的酒精含量和他们自以为的吸引力程度是呈正相关的，也就是说喝酒越多的人，越认为自己有吸引力。

但相关关系，并不说明是因果关系。

贝格和他的同事对86个法国男人进行了一项更加全面的实验，实验如下。

饮酒组：参与者每人喝下相当于6小杯伏特加酒精量的酒。

其中有一半被告知他们喝下去的是含酒精的薄荷柠檬味饮料，另一半被告知他们喝下去的是一种不含酒精但有酒味的饮料。

饮料组：参与者喝下一杯实际上不含酒精的薄荷柠檬味饮料。

其中一半被告知他们喝下去的是含酒精的饮料（研究人员在酒杯上沾了些酒，让它们闻起来有酒味），另一半被告知他们喝下去的是不含酒精的饮料。

然后贝格请每位参与者作为模特为自己喝的东西拍摄一则小广告，并给每个人看自己的录像，并评价自己的吸引力程度。

结果发现，那些认为自己喝过酒的参与者，不管是真喝了酒还是假喝了酒，对自己的吸引力程度评价都更高。

也就是说，并不是酒精使人认为自己更有吸引力，而是认为自己喝了酒的想法在一定程度上提升了对自己吸引力程度的评价。

研究人员向100名年轻男性询问饮酒会对一个普通年轻男人的性格产生什么样的影响。研究人员发现答案中普遍包括责任心下降、神经质和外向程度提高、坦诚度降低、合群程度降低等。

随后研究人员又请他们回答饮酒如何影响自己的性格，普遍的回答是责任心下降、神经质和外向程度提高、坦诚度降低，但不包括合群程度降低。实际上，他们认为自己喝酒后会变得更加随和。

人们认为别的醉汉是令人讨厌的，但自己喝酒后只会变得更有魅力、人见人爱。

求生不得所以求死的人，汉语中会用“鬼”来指称，比如烟鬼、酒鬼、赌鬼、色鬼……所以“鬼”这种东西是实实在在存在的，而不是在地狱里。鬼是一类人，一类可怜可悲、无法自救的人，他们生活在自己的地狱里，不断摧毁自己以获得快感。

佛教中讲轮回，说有往生轮回还有今生轮回。何谓今生轮回？就是人还没死，已经转入轮回，肉身成圣，变成肉身菩萨；或身未死，已堕无间地狱。

作为一个科学工作者，而不是诗人，我是不相信人死后会变成鬼的，鬼都是活着的人，拥有鬼的各种属性。只是古代人不懂心理学，才构想出了另一套解释系统罢了。①

分裂：我到底该相信哪个直觉？

一百多年前，一个博士毕业生正在为毕业后从事什么职业而烦恼。在黄昏的维也纳街头，他碰到了正在散步的弗洛伊德，便向弗洛伊德请教。

弗洛伊德说："我并不能帮你做出选择，只能告诉你我的一些经验。一直以来，我觉得对于不甚重要的决定，思前想后总会有所帮助。而对于事关一生的重大决定，例如选择配偶或者选择一份终生的职业，思前想后并不会有多大、多好的作用。在做出事关一生的决定时，相信内在天性之中的声音总是有很多益处的。"

① 有另外一种鬼，"奸鬼""内鬼""心里有鬼"……也是身未死已堕无间地狱的，但那不是本书讨论的内容。

这个散步都能遇到弗洛伊德的幸运的年轻人叫狄奥多·芮克（Theodore Relk，1888—1969），后来，也成了一名精神分析学家，代表作有《内在之声》。

后来，弗洛伊德这个思想被谷歌的李开复和苹果的乔布斯学会了，一见到大学生就说："Follow your heart!"乔布斯说过这样一段话：Have the courage to follow your heart and intuition. They somehow already know what you truly want to become. Everything else is secondary.（要有勇气追随心声，听从直觉，它们在某种程度上知道你想成为的样子，其他事情都是次要的。）

多美的故事！于是我发现很多知性女性常用这个故事来为自己犯病做辩解。

雅彤是一个37岁的聪明女人，读过很多书，走过很多个地方，终于找到一个非常喜欢她的男朋友，和她一见钟情的那种不同。她用自己掌握的理论得出结论：这个男人在无条件积极地关注自己，正符合自己的需要。但是她仍然感到很不舒服，她说他"期待结婚"，这种"期待"让她不舒服。于是她拒绝且逃掉了，理由就是弗洛伊德的这个理论，她解释说："我不舒服，这是我的直觉，我尊重我的感觉。"

好吧，把弗洛伊德的建议当成犯病的理由，也真是够聪明的。我不是说弗洛伊德说错了，也不是说雅彤错了，她也没错。那么到底错在哪儿呢？在于分裂，"自我"太弱，心理内部一致性差，只能用思考来进行防御。

人当然要尊重自己的直觉和感觉，但不幸福的家庭出来的孩子，其直觉往往是分裂的，且往往分很多层次。

不安的人总会给自己周围安排一个或若干个假想敌（比如“主动靠近我的男人都心怀鬼胎”）。内部的不适，被心灵投射成外部有迫害者，所以这个假想敌不是特定的某个人，而是这样的人周围有这样一个位置，就像电影院中的预留座位，某个人离开后就必须得有另一个人填补进来。不安的人把分裂的自己投射出来，就变成了这个必须有人来填上的预留空位。

分裂是直觉和直觉之间的分裂，是不安全感的原因和结果。假使直觉和直觉之间统一了，那人就不可能感到不安全，人会是完整的。

对寻求安全感的人来说，内在的声音分很多种，一般都互相矛盾。第一种是生活惯性。雅彤内在的惯性声音，当然就是单身的自由感。单身是舒服的，爱上别人就等于自己被束缚住了，所以内在有一种继续单身、拒绝被爱的冲动。这是真正的内在之声。

第二种是对亲密关系的恐惧。她带着对父亲的恐惧，带着对亲密关系的恐惧，所以只能和男性有鱼水之欢，不能有深入的依恋关系。她害怕，无所适从，一心只想逃掉，拒绝任何真爱的可能。这也是真正的内在之声。

第三种是对亲密关系的渴望。她确定这个男朋友对自己是最好的，也确定他会无条件地一直爱自己，她有对爱的渴望。这也是真正的内在之声。她知道自己在这份关系中会得到疗愈。

在这三种内在的声音中，她听从了哪一个呢？哪个也没听，她听从了第四种内在的声音："我要自我摧毁。"她自从出生后就一直从母亲那里得到一个信息，"你是没有价值的、无能的"，她恨这种声音，却无法摆脱它，于是它成了她内在动机的一部分。求生、求爱的渴望，被自我摧毁的欲望淹没，最终她听从了这种声音，完成了"我没有价值，所以不能被爱"这个预言。

我觉得如果弗洛伊德再生，也不会支持人们听从自己内在的、自我毁灭的声音，他一定会鼓励人关注自己对自我生长的渴望。被人需要、被人关注、被人爱，也可以是令人恐惧的，但这是对自我生长的渴望，所以方向是对的。

有些同性恋咨客并不痛苦，他们调和了自己的生理身份和心理身份。但是另一种伪同性恋 / 伪无性恋则非常痛苦，他们之所以压抑自己的生理身份，是因为这个生理身份携带着太多的恐惧、愤怒和悲伤，他们不愿意、不敢或不屑于直面性别承载的疼痛感。他们貌似在压抑自己的生理身份，实际上是拒绝承认自己的恐惧、愤怒和悲伤，所以在自我否认的企图之下，整个人越来越分裂。

他们并非真正的同性恋 / 无性恋，却试图让自己相信自己是同性恋 / 无性恋，于是在分裂的道路上越走越远，越来越痛苦。据我的粗略估算，中国的同性恋 / 无性恋人群中，约 2/3 都属于后者。

对后者来说，"我是同性恋 / 无性恋"只是表面的声音，用来否认真实的自己和心声。实际上真实的声音是“我‘希望’我是同性恋/无性恋”“我害怕承认自己是女人/男人，性别承载的苦难是我所不愿面对的”，所以他们只能装作同性恋/无性恋并假装自己很完整，且看得开。“无所谓嘛。”案主刘锦说。

费斯廷格做过这样一个经典实验。他让被试做一小时枯燥的工作，完成移动线轴和转动方栓的任务。在其离开时，实验助手会请他告诉在外面等候参加实验的其他被试（其实也是实验助手）工作很有意思，并因此获得一笔酬金（被试分为两组，一组酬金为1美元，另一组酬金为20美元）。然后实验助手会请被试真实地评价这份工作。结果发现，得报酬多（20美元）的被试对工作有较低的评价，得报酬少（1美元）的则对工作评价很高。

为什么呢？原来，当被试对别人说这份工作很有趣时，头脑中的两个想法是“我不喜欢这份工作”和“我对别人说这份工作很有意思”，两者是矛盾的。为了消除失调、恢复能量，被试就要把自己的行为合理化。拿20美元的人会用“报酬高”来解释：撒谎是值得的。但对拿1美元的人来说，钱明显解释不了自己的行为，失调感带来的心理压力会让他们再次审视那两个互相冲突的想法，并改变自己的态度和评价。

改变态度比改变既定的行为事实要容易得多，所以他们开始对自己的内部态度重新解读，在不自觉中提高了对工作的评价。我们的感受，不一定是真正的感受，但我们相信那就是真正的感受，并用它来说服自己，于是它就成了真正的感受。大脑的功能并非遵循逻辑并指导我们的情绪、观点和行为，而是在我们做了决定、拥有了相应的观点和做出相应的行为之后，用逻辑解释并说服自己和别人“我是对的”。为了支持自己的行为、结论、决定、判断等，我们会有意地忘记与其矛盾的信息，迅速调整自己的价值体系，甚至对同样的事情有完全不同的解读，不惜扭曲自己的真实感受。

分裂会消耗有限的精神能量。荣格认为：人的精神能量，本来是在人体内均匀分布的，如果在生命发展的某个阶段，形成了“情结”，就会牵绊住一部分能量，从而抽取其他部分的能量，造成灵魂的孱弱（当然，灵魂的孱弱会投射到身体上，造成身体的孱弱）和无力感。

分裂，指个体认识到自己的态度与态度之间，或者态度与行为之间存在着矛盾，或者由于做出了与态度不一致的行为而引发的不舒服的感觉，翻译成人话就是两个字：拧巴；三个字：理不顺；四个字：想不通啊。分裂感作为一种负性的情绪，伴随特定的生理唤醒状态。

巴甫洛夫有一次用狗做实验，结果狗出现了神经症。喂狗的时候，一开始是圆形的光出现有吃的，椭圆形的光出现则没有吃的。但他不断地调整椭圆的半径之比，到后来就到了9 ∶ 8。这时候狗变得越来越紧张，一看见圆和椭圆就躁狂不已。怎么回事？拧巴啊。这就是分裂。分裂往往是动物我层面的分裂，游离于意识之外，不受意识的掌控，是一种由不得你的分裂。你告诉狗它们没事，它们也不听啊。

在纳粹集中营里，杀人的人都没疯，救人的人却病了。怎么回事？分裂啊，他们纠结啊，到底是该按照“领袖”的要求去做，还是按照自己的道德标准去做？你告诉他们，不管他们是杀人还是不杀人，那都不关他们的事。这没用啊。

没人愿意自认咎由自取，或承认大部分都是别人的功劳，怎么回事呢？怕分裂啊。如果我现在认为自己罪有应得，那么当时我为什么做呢？分裂了。如果功劳都是别人的，我当时费那么多力气是怎么回事呢？分裂了。

我们都希望自己是完整的、前后一致的、自成一体的，当信息不协调时就会造成分裂，分裂会损耗大量的能量，于是我们就必须整合自己，不惜调用最荒唐的理由，并深信不疑。

当两种内在的声音互相矛盾时，人就会发生分裂。不一致会消耗能量，引起焦虑和心理紧张，降低掌控感。一般我们会改变观点来解决这个问题，因为一般情况下，我们能掌控的就是意识层面的观点。

人在几个各有利弊的事物中做出唯一的选择是个决断过程。如果在决断之前，所有事物的价值相等，则难以决断；但在做出选择后，决策者对这些事物的态度和评价就会发生质变。人会对被自己选中的事物更加偏爱，而贬低未被选中的事物。这种现象也反映了人内部消除分裂感的过程。人做出选择意味着自己是对的，人对这一结果的不认同（我怎么选错了？）与人对自身的认同（我是对的）之间会产生矛盾，造成人的分裂感。人一般无法改变选错的事实，为了消除分裂感，只能采取重新评估价值的方式，收集片面的信息缓解选择错误所造成的分裂感。

人失恋了之后很容易对对方的错误念念不忘，需要不断列举和谴责对方的缺点来证明自己的无辜，这种事只发生在付出感情的一方身上。

人对某种目标怀着坚定的信念，并为此投入了很多精力，但最终发现该目标没有实现，这会引起很强的分裂感。消除这种由努力的无效引起的分裂感也是很困难的。因为已经付出的努力是不可挽回的，即使改变原来的信念，也无法消除“我曾为某种信念投入了巨大的劳动”与“事实证明这种做法是错的”之间的矛盾。分裂时，整个人都会感觉不好了；消除分裂感的过程，通常伴随着人的自我感受的改变。

分裂就跟晕动病（motion sickness）的感觉差不多。一个男孩坐在轿车后座，当车拐弯时，他内耳的前庭会很准确地判断出自己的身体在转动，但同时他身体关节处的感觉受体和眼睛告诉大脑：我没有动。冲突久了，他就会开始感觉恶心、头晕，想呕吐，下车后要调整一阵才会缓过来。

解释起来很简单：这是感觉冲突。内耳的前庭器官中充满了特殊的液体和感受液体变化的细胞。当身体转动，前庭就能感受到，并告诉大脑这个信息。但同时眼睛告诉大脑，它没动，皮肤、肌肉和关节处丰富的感觉受体，能准确地感知四肢的位置状况以及移动的速度，也告诉大脑它们没动。当两种相互矛盾的信号同时发出，大脑就乱了，无所适从。1968 年，美国海军做了一个研究，让 10 个先天内耳迷路缺失的病人和 20 个正常人随舰队出海，结果在海上颠簸的时候，内耳迷路缺失的病人没有一个出现恶心、呕吐的症状。

那么多层面的自己，到底哪一个才是真我？咨询的价值就是帮助人认清自己，帮助人明确自己真正想要的是什么，也就是引导人听从“生的本能”的声音，向爱、接受、宽容、连接的方向前进。

方向对了，分裂虽然并不会立刻消失，但这最起码会让将来的自我统一成为可能。

方向不对，越努力就越分裂，最终只能直奔自我毁灭而去，并在这种终极的自残中享受快感。“不瞒你说，感觉真的很爽，是一种极乐的快感，让人欲罢不能。”雅彤说。

03

爱无能：父亲是女儿的第二层皮肤

动情是痛苦的，我从来没有体会过爱的感觉，不管是被爱还是爱别人。我想，被人珍惜的感觉，一定很疼吧。

——雅彤

如前所述，人需要 2～15 个重要他人来寄托自己的情感。

但对一些人来说，这个领域内可能空无一人[①]，或不足 2 个。

女孩需要和父亲发生精神恋爱并被爱，然后才能成为女人，才能

---

① 朋友一般都不是重要他人，重要他人的一个标志是他是独一无二的，如果很多其他人和他的地位相等，可以用“朋友”一词指代，那么他就不是重要他人。

被别的男人爱。[1]

但对一些女孩来说，这个领域内可能缺失这个男人，所以她们固着在了女孩阶段。

谁会开发我们对异性的情感空间呢？当然是异性的父母或哥哥姐姐。对女孩来说，父亲是第一个爱上的对象，她的初恋一定是她的父亲，如果没有哥哥，所有任务就只能由父亲一个人来做了。

最先来到并开发自己的秘密花园的，就是父亲。我们只允许他进入，于是他就进来了。

当这个角色缺失或没有进入，这片领域便是无人开发的处女地，比如他是家里的一个影子式的或隐形的存在时。

或者他曾经来过，但不幸的是他伤害了这里，他伤害了这个让他进入自己秘密花园的女儿兼“情人”。于是我们又把他赶了出去，代价往往是惨重的，甚至是花园本身的损毁。

当时的丧失感和透入心扉的疼痛，让这个曾经有人来过，但现在无人打理的心理世界，显得异常荒凉和难堪。

无法对母亲动情，和世界建立连接的能力就会缺失，她会很难认同自己，所以亟须他人认同自己，讨厌别人看不见自己。被第一个动情的恋人伤害，和父亲的连接被切断，她和所有男性建立连接的能

---

① 本节以女性为例讨论“爱无能”，男性读者请将大部分“父亲”替换成“母亲”即可。

力就会缺失，伤疤会变成一个冰罩，把自己保护和冰封起来，为融化（动情）而感到焦虑和恐惧。这种惧怕，她是没有觉知的。

只有残垣断壁，还不如一直荒无人烟好。为了维持平衡，她会告诉自己：我心里不冷，我心里没有空洞，不需要男人占据这里的位置。她会自动关闭这里的大门，用冷漠贴上封印。

因为爱，所以疼，爱＝疼。因为父亲＝男人＝动情，所以对男人动情＝疼，所以某女孩说："如果我变成拉拉，那该多受欢迎啊！"

父亲被迫或主动忽视或伤害过女儿，这种关联就会自动形成，这是一种不由自主的、不自觉的、被动的、抵抗不住的、由不得你的影响。

当她要对任何有潜力激起自己情感的人动情时，首先，她就需要消除这种未知的恐惧，并暴露内在的荒芜。这个过程是痛苦的，她被第一个男人无视过、伤害过，不仅仅是失恋那么简单，因为那是她一生中的第一次恋爱。甚至为了不解封，她会否认自己恐惧的事实，否认自己需要被一个男人关爱的真实感受，使心灵和身体都冷下来。

所以她会失去和异性建立亲密关系的能力，爱不了，因为她知道，对男人动情是灾难性的，至少是让她不舒服的。

对她来说，爱上任何人都是令人恐惧的。这是真正的原因，但表面上的理由会有很多变体："我只喜欢小鲜肉。""爱我的人我不爱，我爱的人不爱我。""爱上别人意味着被影响，所以为了摆脱控制，不被摆布，我不能在别人爱上我之前付出真心。”“我害怕太多的爱会剥夺我的自由，把自己束缚住。”“保证自己的独立，才能不给别人伤害你的机会。没有人能伤害你，除非那是你在乎的人。”第一次恋爱中的恐惧的泛化，波及了所有的男人。她不敢爱，因为实际上最爱的那个人曾经拒绝自己的爱，那么眼前的这个人，这个像自己的父亲一样可爱的人，定然会同样让自己伤痕累累、鲜血淋漓，会再次伤害自己、离开自己、无视自己或不认同自己等。这种恐惧的泛化是动物我层面的，成了几乎无法改变的本能，是一种不知不觉的恐惧。

她会从精神上拒绝任何异性，仿佛任何动情都是犯贱，是允许父亲对自己的领域再次入侵，占领并再一次加以毁坏，然后扬长而去。

内在的荒芜，会让她自动地调节跟异性的亲疏度，维持一定的心理距离，这对她心理上的安全感来说是至关重要的，只要对方是男人。她只需要那些可以把性别模糊掉的男人，或者空中楼阁中的男人。

从未被爱过，或者被自己的初恋父亲伤害过（比如被父亲打过耳光或有一段较长的时间和父亲分离过），就会拒绝爱，因为她知道爱的感觉是疼、分离、无视、不认同等，隐性的内伤和肢体上的疼痛不可同日而语。她对“爱”这种未知的东西充满抗拒，所以恐惧；因为恐惧，所以冷感。

但是另一方面，作为一个雌性动物，心灵的荒芜、心里空荡荡的感觉会给她带来无穷无尽的焦虑，并与日俱增，往往会投射到躯体上，表现为颈背不舒服，皮肤容易起鸡皮疙瘩，害怕与人有肢体接触。

永无止境的内在痛苦，这是她所不愿意面对的，于是她分裂了：她一方面恐惧孤单，渴求爱情；另一方面，如果有人离她太近，激活她休眠的性激素，就会让她感到不舒服，于是抗拒。面对这样一个人，她就像抱着一块烫手的金子，扔也扔不了，抱也抱不住。于是分裂产生了，痛苦和焦虑加倍，很容易导致神经症。

每次有异性接近，她都会感到更加焦虑，于是这份焦虑也被归罪于接近者，抗拒成了一种本能。她会竭尽全力地暗自拒绝，把自己变冷，把闯入亲密距离的人赶出去，性冷淡（无性恋倾向）、见到喜欢的男神就紧张得掉链子、男性恐惧等，大抵都可归于这个原因。

她只能暗恋男神。当被心仪的男神垂青甚至反追，她不会认为这是个机会，反而会被吓跑。她只能追男神，一旦男神有反馈，她就开始轻视他，把他从神位上拉下来。她也不希望自己成为他关注的焦点，她恐惧他对她的期待，拒绝他的了解、示好、追求……总之，只要性别和相对位置确定了，就是可以带来威胁的。她恐惧地逃离或推开对方，不惜无视自己越来越强烈的渴求，忽视自己的真实感受，从而加剧分裂。

这就是叶公好龙的故事。叶公（她）很喜欢龙（男神），但她只能刻点龙纹（幻想和男神亲密接触），若即若离的感觉才是对的，龙（男神）真的来了，那可怎么得了。

她把他推开了，仿佛要维持自己的独立或变得更加自在。但她内心渴求亲密关系的声音越来越响，她不得不一次次更加卖力地压制它，或者期待一个“霸道总裁”把自己拉回来。

她压制的这个自我，一直盼望着有一个伴侣，能够无条件地接受自己，爱自己的任何方面，不要离开自己，认同自己的价值和可爱，对自己的爱有反馈。但她对此又抱有怀疑态度，在任何人际关系中，她都不相信对方会这么对待自己，因为本该最爱自己的父亲也没这样做。

推开比逃走更爽，她可以享受拒绝的快感。“拒绝真爱是很爽的，有一种把玉杯摔碎的感觉。”“如果玉摔不碎，那怎么证明它不是塑料呢？”“美不用来摧毁，它有什么价值呢？”

或者她没有学会拒绝，而是学会了暧昧并伤害。“刺疼爱自己的人，我就是在刺疼自己，就像父亲刺疼我一样，但这种疼非常美妙。我要扮演父亲的角色，就像他刺疼我一样去刺疼眼前这个男人，并体验他当时体验到的美妙感觉。”

她恐惧被无视、被伤害、被抛弃、被当作不存在，所以学会了先拒绝和伤害，把对方当作不存在，从而杜绝对方伤害自己的可能。她恐惧被恋人父亲舍弃，所以学会了伤害男人，无法相信自己可以和任何人建立长久亲密的关系。“你可以爱我，我也不反对你爱我，但是请你离我远点。你的爱来了，我便会将它倒进下水道直接冲走，因为我没有容器。这种浪费的感觉，才真的很美妙。如果你能接受我浪费掉整片海洋，那就把整个海洋的爱都给我吧，但是我要提前告诉你，我不会在我心里留下一滴。”

她就像沙漠一样渴望爱的浇灌，但又像沙漠一样无法保留任何用来滋养的水分，从性蕾期保留下来的每个细胞都在恐惧和抗拒，就像沙粒渴望水但无法得到水的滋润。

虽然这样下去会持续焦虑，但打开早就结痂的伤口，启封冰封的恐惧，心理世界应该更容易崩塌吧。她为了确保冰封的痛苦不见天日，最后连自己真正需要的是什么都忘了，连自己最真实的愿望都抛弃了，冷漠成了本能。

她一般独立性很强，抗拒依赖和被依赖，刻意把人际界线弄得很清，生怕与别人有什么瓜葛。自己一动情就会恐慌，拒绝感动成了她条件反射式的本能反应。

缺乏对自己作为一个独立完整的女性个体的认同，她要对自己作为人的权利进行回收和争夺，压抑自己的女性身份，更愿意相信自己是同性恋或者无性恋。

但是另一方面，她无法否认自己感受到的孤独，她会选择一些暂时性的伙伴，并一次又一次地确认自己只需要这些，一次次地把越来越强烈的冲动克制住。她可以有丈夫，但她不会把他当作恋人。

一个人孤独久了，并不是习惯了寂寞，而是不知道或忘记了动情和爱人的感觉。女人变得高冷，培养自己冷漠的能力，只是为了保证自己不再次犯贱爱上父亲（男人），也只能在冷漠的旋涡里，待她的焦虑自我如珠如宝。

父亲是女儿的第二层皮肤。没有父亲的关爱，她的精神就会比较冷感，皮肤则一般会比较敏感，所以大多会比较白。惨白的颜色，昭示其内在世界的寒意。皮肤脆弱，感情也会脆弱。

如前所述，重要他人是耗费资源的。爱上一个人，就是接受另一个人成为自己的重要他人，疗愈的同时也是费神的、累心的，要冒一定的风险。为了节省力气也会出现这种情况："你们都爱我吧，但我可不会爱你们。"这仿佛是最安全的一种方式。"让尽量多的男人簇拥着自己，但是我不必付出感情。"和很多男人上床又不爱上他们，这看似不再有被人左右的风险，但是这样的话，心里那个洞永远失去了被填满的可能，于是她从一个男人的床上跳到另一个男人的床上，很快餍足，永远都在逃跑的路上。

> 只要我有权力触碰你，但不爱上你，随时可以抛弃你，随心所欲地伤害你，那么，我就是安全的。致爸爸，致男人，致世界。
>
> ——雅彤

据说，有一层地狱被称为寒冰地狱，居民多是在世冷漠之人，皮肤惨白发青，四肢凉透，心如冰坨，凡火无法融化。这种描述非常贴合爱无能患者，但爱无能来自内部，他们无法给予自己温度，因为内在是自造的寒冰地狱（这是一种精神上的自我阉割）。

男人也会变得玩世不恭，四处留情，以此种方式证明自己是被人需要的，把自己一次次地放进那种曾经的恐惧情境中去，并一次次地确认自己不怕。

04

被爱无能：我害怕与他人建立并保持亲近关系[①]

我一个人待着比和另一个人在一起感觉更安全。我只需要找一个缥缈的、遥远的、模糊的、朦胧的、跨年龄的、不现实的人，“老外”也行。

——王倩

如前所述，婴幼儿在每个阶段，都在不断地整合自己，并试图独

① 被爱无能和爱无能很像，不好区分，英文共用一种表达（emotionally unavailable），且常出现在同一个人身上。如果非要在汉语语境中区分一下的话，我们可以说“被爱无能”是一种“情感无能”，丧失了产生情感的能力，“爱无能”则是一种“情绪无能”，缺乏产生情绪的能力。

立地探索新的外在世界，所以，他们一直经历着从事独立活动的需要及能力不足之间的巨大矛盾，每错一步都会招致巨大的心理危机。这时候的危机一般不会来自外来世界，而是来自“背后”的力量，也就是已经整合进“我”的父母。这时候会出现两个阻碍成长的问题：成为家长的子集，被拒绝和被羞辱。这两个问题一般来自母亲，无论对男孩还是女孩来说。

其中,“溺爱”貌似过度保护，实际上并不像我们想象的那么美好。溺爱是一种强制性照顾。家长忽略孩子的存在，抹除他们的真实需要，不承认他们的个人意志，用自己的想法剥夺他们拥有自己想法的权利，把他们变成“无”。这样照顾孩子是最省力气的，但孩子有被逼回子宫里去的恐慌，因为回到子宫意味着成长的停滞和倒退，也就等于死亡。

过度保护并不直接导致一系列后果，而是通过一个中间变量来起作用，那就是“经验剥夺”。对幼儿有过多的抑制和保护，会导致他们脑组织发育不良，高级神经活动紊乱。

1960 年，哈洛做了社会隔离（social isolation）实验，有些猴子被完全隔离，有些则被部分隔离。被完全隔离的就不用说了，猴子们都变成了痴呆，有非常严重的自杀倾向。被部分隔离的猴子们会被养在铁笼里，它们可以看到、闻到和听到猴群，但是接触不到。被部分隔离的猴子们表现出了不同程度的异常行为，包括呆滞（blank staring）、强迫的重复性行为（在笼子里不停地转圈）和自残等。

被放进猴群之后，它们都吓得发抖，缩成一团，把自己封闭起来。

有几只不能进食，后来饿死了。这些经历过社会隔离的猴子，尤其是母猴，无法和异性恋爱。而为了获取实验用的猴子，哈洛还发明了一个铁架子（rape rack），把处于发情期但不肯交配的母猴绑上，霸王硬上弓。

个体不经历对各种选择进行探索的危机阶段，就无法完成相应的成长，成为的人不是人格自由伸展长成的人，而是别人设定的假人或稻草人，没有自我或自我萎缩。进入群体之后，他们便无法接受自己作为“人”的身份，无法整合自己，社会心理危机便成了必然。

这种孱弱也许正是母亲无意识中的期望和有意促成的结果，因为只有孩子在人格、人际安全感等精神方面有残缺，她才能施加强制性照顾，满足自己的精神需要。

经验剥夺和宠爱完全是两码事，前者会剥夺孩子的人际安全感，后者则培养安全感。孩子的安全感都是宠出来的，“宠”会动情，“溺爱”是无法动“情”的，实际上是出于很自私的想法。这是很自然的事情，忽视孩子的真实感受，用自己的想法来代替孩子的感受，自然要省力气得多。但母亲是不允许自己有这种自私的想法的，所以当她无法付出“情”，就声称自己在付出“爱”。

在自私的背后，溺爱还有一个更加不光彩的动机，那就是操纵快感。也许这才是溺爱的根本动机，母亲企图“无条件地施加控制”，企图拥有“绝对权力”。什么叫“绝对权力”呢？据说，上帝对人类世界有无条件的控制权，他的意志就是现实，这就是无条件的权力，这就是绝对权力，他所有的个人意志都会变成现实。奥斯卡·帕尼扎的一个杂剧中，上帝，也就是圣父，被描述成了一个瘫痪的白胡子老头。在剧本里，大天使（酒仙该尼墨得斯之类的）将其捆得不能责骂和诅咒，因为他的所有话都会变成现实。

绝对权力是属于上帝的，当一个人对任何另一个他人拥有这种绝对的掌控权，那感觉都应当是十分美妙的。把孩子变成一个假娃娃，一个可以进行操纵的玩偶，自然就能享受这种美妙的感觉。

这就是打着溺爱旗号（“我多么疼你啊！”“我何尝对你有一丁点不好！”）的母亲在追求的操纵快感。

为了享受操纵快感，母亲依赖孩子对自己的依赖。要让孩子依赖自己，他们就得有缺陷，如果孩子没有缺陷，她就会无意识地制造出一种缺陷来，而成长中的儿童很容易就会表现出在某方面的不足。其间，母亲是没有觉知的，只有自我实现的充实感和隐隐的负罪感。

负罪感是无意识的，但的的确确存在，所以无意识做了另外一件事来中和这种负罪感。母亲经常会放低自己的需要，去满足对方的需要，从而使自己“伟大”起来，心安理得地秘密享受操纵快感。

冷漠（高冷）是因为灵魂被夹疼过

爱的要义并不是什么倾心、献身、与第二者结合（那该是怎样的一个结合呢，如果是一种不明了，无所成就、无关紧要的结合？)，它对于个人是一种崇高的动力，去成熟，在自身内有所完成，去完成一个世界，是为了另一个人完成一个自己的世界。

——莱内·马利亚·里尔克

没有从情感监禁（这是双方都在维持的）中脱离出来之前，人是不缺乏安全感的。但强制和被强制的关系早晚都会结束，因为女儿（偶尔是儿子）会长大，冲破监禁和束缚，往往是因为一次反叛和成长。她们突然意识到自己曾经是多么悲伤，庆幸自己摆脱了束缚。在珍惜胜利果实的同时，女儿会自动发展出被强制性照顾的后遗症，甚至把新状态下的焦虑、抑郁、敌意（也就是不安全感）当作胜利果实加以珍惜。她们会从极左跳到极右，这是自然的结果，因为矫枉必过正。她们还会在潜意识中放弃和他人建立深刻连接的尝试，每一次爱和被爱的机会，都会被视为对自己的自由和独立人格的另一次侵犯和剥夺。

她们无法对人动情，毕竟“爱”这种东西是最危险的，自己就曾经被一种强力的爱夹疼过。她们仿佛在和某种无形的男性力量争夺自己意志的控制权，但实际上并不存在这样一股外在的力量，她们这样做，只是因为灵魂被爱猛力地夹过。

对被夹瘪的灵魂而言，爱是一种压迫、一种攻击、一种无法承受的束缚[①]。一份爱如果太弱，就不值得拥有；如果太强，就会是一种戕害。所以人们会寻求一种幻想中的，就像在桌子上立鸡蛋一样的微妙和平衡的感情，所以永远求而不得。

长期的情感监禁让她们失去了被爱的能力，症状有很多，其中包括冷漠、以自我为中心、和人保持疏远的距离、难以给予他人反馈等，俗称为“高冷”，案主自己的措辞可能是“独立”“自由”“我找朋友很挑”。

她们刚刚从企图吞没自己的母亲那里逃离出来，受伤太重，所以形成了条件反射式的退缩反应。她们再也不想和任何人发生连接了，所以用冷漠做了一个笼子，权当保护罩，维持自己独立自主、自给自足的存在感。

她们对连接有一种出自本能的抗拒，于是失去了被爱的能力，为真实的自己被束缚和被爱而感到恐惧和焦虑。无可否认，即使是最亲密的关系，人们也需要有某种距离，否则后果会很严重。但无法对任何个体动情，就无法获得那生命中必需的 2～15 个重要他人。她们无法新添重要他人，并用各种美好的理由把疗愈的大门封死，归根结底

① “连接”（bond）在英语环境中是不用解释的，但翻译过来之后就成了一个貌似术语的东西。Bond 可以翻译成“连接”，也可以翻译成“束缚”，在佛教用语中类似于“业”。修复断裂的连接，和新的重要他人建立新连接，是安全感的基础和结果之一，而连接是束缚的一种，双方都允许自己被对方的情感所束缚，表现为牵肠挂肚。缺乏连接，又恐惧任何形式的连接，无法修复断裂的连接，这是被爱无能患者的“鬼打墙”。

是能力的缺失，负责情感的脑组织应当是异常放电的。

小丽曾遭遇父亲的强制性照顾。她很漂亮，父亲待她如珠如宝，她将近 30 岁时，父亲还每天将她照顾得无微不至（或者说无孔不入），送午饭到单位、每天 17：00 准时打电话催她回家、只要阴天就来送伞……但每次父亲对她嘘寒问暖，都让她感觉无限的痛苦，她解释不清自己为什么会这样抗拒父亲的爱。她成了一个工作狂，每天都加班躲避父亲。

抗拒父亲的同时，她还需要从父亲那里获得情感慰藉，因为所有和他人形成深度连接的尝试都以失败告终。

如何失败的呢？前几次恋爱，她都要求男人对自己不要有任何期待。“期待是一种负能量，会让我感到有压力。让我们放下期待，让一切自然而然地发生，好吗？”期待对方对自己不要有任何期待，于是，她在进入交往，开始一段爱情（三大连接之一）之前，先把对方推开，推远了。面对她对连接的抗拒感，正常的男人一个个离开，所以几年间她要么交不到男朋友，要么交到的是浪子（包括一个美国男朋友，而他有一种“以结婚为目的的恋爱是耍流氓”的观念，她并不理解）或有妇之夫。一般来说，你期待什么就可能得到什么；期待一份没有期待的感情，得到的自然是无法预料的结果。

要建立新的连接，需要双方的期待有交集。期待对方没有期待，是不可能形成连接（双方允许自己被对方的情感所束缚）的，因为她试图单方面地享有随时结束一份关系、随时可以离开对方、完全甩得一干二净的绝对权力。开关在自己手里，随时可以断开，这种自由感和掌控感（也就是“这份关系我说了算”）必然会使自己遭遇种种伤害。

被伤透了心之后，她有了几年的感情断档期。深深的孤独感让她不得不再次出发，但她已经无法和一般的男性产生感情，于是她觉得也许自己可以在异乡得到满足。于是她徒步去西藏、丽江，去印度、泰国穷游……身体的确经历过一些异乡的男性，但总感觉好像还是少了些什么。

回国后，她开始专注于高中生或大学生，也就是所谓的“小鲜肉”，认为这样的孩子都比较单纯可爱，不会骗自己。谈了几个对象之后，她发现他们无法满足她对“单纯”的要求，她理想中的男性好像只有天国才有。于是她参加各种所谓的灵修班，又浪费了几年的青春。

再后来，她觉得也许自己是个同性恋，结果真正的同性恋群体又接纳不了她。再后来，她就说自己是无性恋，结果发现自己其实接受不了这种身份，她说：“我无法把自己塞进一个标签里去。”

对连接的渴望和对连接的拒绝，几乎把她撕裂了。最后，她找到了一个非常爱她的男人做老公，进入了一段机械式和程序式的互动关系。她知道自己在维持夫妻关系的同时，一直无法进入角色，无法投入。两者是夫妻，有性，但她无法对他产生爱情和亲情。她保持着情感上的麻木，回避情感上的付出，但她不愿承认自己是个冷漠的人，她只能把自己描述为“独立的”。

她和她的老公都很痛苦。

在夫妻关系中，她成了一个被动攻击者（passive aggressor）。冷漠是被动攻击的武器，她拒绝给予反馈，以此来传达她不敢直接表达的敌意。被动攻击让她老公觉得又沮丧又懊恼，很愤怒又无力。但她异常平静，并把责任都怪在被攻击者的头上。她说："没有回声，不是大山的错，错在人不该呼唤并期待回声。"

> 冷漠即攻击，在亲密关系中，没有任何一种攻击比它更有杀伤力，可以称其为"亲密关系终结者"，百试百灵。
>
> ——孙向东

在她的眼里，自己是无辜的、被动的、无害的。而在她老公看来，无论他怎么疼她，都会遭遇一堵冷漠的墙，她以这堵墙来证明她并不需要他。在她看来，"如果你需要我并遇到墙，那是你自己愿意，如果你被墙伤害了，那也是你自己撞上来的"。

冷漠的墙和墙外攻不进来的老公，让她感到十分安全，没有亲情和爱情的婚姻，让她感到满足。她获得了操纵快感，通过老公遭受的痛苦，来肯定自己的价值和独立。她用这堵墙和一直守在墙外的老公，确认自己吸引了他全部的注意力，然后期待得到他痛苦的反馈。这样，她就可以在她被动—他痛苦之间建立起一种条件反射，如同训练巴甫洛夫的狗一样训练他，控制他的行为和意志。当她明确知道自己的冷漠能够引发他痛苦的反应，她就控制了他，剥夺了他的意志，而她自己安然享受自己围墙内的安全感，自编自导了一出注定的悲剧。从妻子身上得不到回馈，他选择和她分开了。他 36 岁，她 37 岁，两个人生命中最美好的时光已经一去不复返了，极力保养却开始部分松弛的皮肤一遍遍地否定她对“女孩”的自称。总想着还来得及，于是有些人、有些事，终于来不及了。

> 勇敢地去爱一场吧，趁着年轻，再过几年想爱都没机会了。
>
> ——小丽[1]

我们说，连接就是动情，就是拥有重要他人，拥有亲情、爱情或友情。小丽自己无法生成亲情和爱情，于是试着向友情方向发展。

她参加各种灵修班，试着从集体中补充安全感。的确，集体是疗愈的，但她无法给自己贴上任何一个集体的标签（比如“我是东北人”“我是中科院的”），所以实际上是无法和集体建立连接的，于是她加入的都是化装舞会式的群体：所有人都不用去了解对方，无须暴露真实的自己，暴露了也没关系，因为大家随时可以分开。

她还交了一群“朋友”，试着和这些朋友产生交集，获得安全感。我开始很不解，如果人拥有真正的友情，安全感的基础会很牢固。但

① 这话是小丽自己说的，但她从未按照自己的意愿去做过。这是被爱无能的典型症状：什么都懂，但什么都做不到。她们需要等待一个机会，一个允许自己被救的机会。

后来我发现，她这些所谓的“朋友”，从数量、交际距离、亲密程度、功能上讲，都只是“群体”的变体，她和他们之间根本没有“友情”。他们数量庞大，几乎数不过来，而且不用费力去计算个数，因为随时都在大量地增加和流失（比较一下重要他人的数量，2～15个）。大家的关系一般很生疏。朋友本来是私人距离内的人，但她的这些朋友处于社交距离中，甚至公众距离中。他们不能走心，只能在一起吃吃饭、玩一玩、聊一聊，根本无法产生感情，只能产生情绪，而且大家只能为彼此的高兴事乐呵一下，个体陷入悲伤时会自动边缘化或退出（比较一下重要他人的功能，你会为朋友的悲伤感到真正的悲伤，提供情感支撑，他们需要你的时候你便会出现，你的存在本身就能有直观的效果）。

小丽试着从一群“叫作朋友，但没有友情”的人身上获得安全感，连接自然无法形成。她无法动情，自己内部无法生成“友情”这种东西，永远都在向外追求，永远都求而不得，躁动的感觉不是越来越弱，而是“年”益增强——她越来越不能称自己是个“女孩”了。浪费了那么多年的青春，现在主动围上来的男人越来越少，质量也越来越难过她的法眼，孤独终老和老无所依的隐忧，加重了躁动。不过有人陪总比全然的孤独要好，于是她沉浸在一种挠痒痒式的快感中，等待着自然而然的变化（毋宁说是幻想中的改天换地的变化），继续无休止地浪费她已经所剩无几的年轻岁月。在茫然的寻求和等待中，冷漠和无法动情的特质将疗愈的大门封得不能更紧了，她整个人几乎陷入崩溃之中。

> 永远在做同一件事情，却一直希望不同的结果，这是精神错乱。
>
> ——爱因斯坦

她无法接受无条件的积极关注，于是她永远在寻找，却永远求而不得，就像西西弗斯不断推着巨石上山，永远不能停下，或像等待戈多那样天天在等待。传说中，有种东西生活在饿鬼道里。饿鬼处于永恒的饥饿之中，无法享用任何食物，遇到的食物都会瞬间变成火。这种存在状态和“被爱无能”何其相似啊。所以说，哪有什么饿鬼，全都是身处饿鬼道中无法自救的人啊。

05

虎妈：每天不去恶心别人一下就会特别不舒服

我想想自己为什么会撒邪火，可能是我比较自私吧，但是能在亲人身上耍一耍的感觉，真的很好。

——小英

溺爱是一个借口，而“不能溺爱孩子”也会是一个借口，在这个借口下，母亲可能会走向另外一个极端：撒邪火，在家里的弱势个体身上明目张胆地、有意识地发泄自己的权力欲和摧毁欲，进行攻击。

如前所述，缺失安全感，人就会生无名之火，要么憋着，要么攻击，不管攻击的理由，只选择弱势对象。攻击不了外人，就攻击家人；攻击不了丈夫，就攻击孩子；肢体攻击不行，就精神摧残。于是，家里的孩子就成了不安母亲的攻击本能的发泄口。

撒邪火的人火气发泄出去就得到了快感，得到了反馈和鼓励。攻击是里比多受挫后的本能释放。弗洛伊德说："这才是你的本质呢，它满足了你对攻击本能的需要。"

小英说自己"每天不去恶心别人一下就会特别不舒服"，她会去恶心谁呢？当然是恶心丈夫和孩子。但是，男人会跑，所以就只能恶心孩子了。

但母亲（偶尔是父亲）是不允许让自己觉得自己有道德缺失的。是的，如果没有理由地做坏事，人的道德律就会开始起作用。而且，这是自己最亲的人啊，自己为什么会有这么强烈的攻击欲呢？

为了避开分裂导致的不舒服，各种理由都会出现。小英说："我不就是为了这个家嘛！我是家里的顶梁柱，我垮了，家就没了。他让我舒服一下不是应当的吗？他会为这种牺牲感到骄傲的。"父亲把雅彤的胳膊打断了，警察问："是亲生的吗？""是。""为什么打这么狠？""她不好好学习，我不是为了她好吗？"

是的，大脑会编出一个理由，一个对强势个体来说绝对成立的合理理由，来心安理得地站在道德制高点上发泄被压抑的攻击本能。

俗话说，我们的大脑非常擅长编故事。科学家做过一个实验，把电极植入被试负责运动的脑区，释放微弱的电流，被试就会有动作，比如抬起手、抖动脚，或者回头。但是当实验者问被试为什么回头时，他们都会随口编出一个非常及时的理由，比如“我要找自己的拖鞋”。

人类学家罗宾·福克斯说：“大脑的任务不是告诉我们正确或客观的世界观，而是给我们有用的观点——一个我们可以拿来使用的观点。”

意识的滞后性有生理基础。负责编故事的是位于左脑的语言系统，被称为“翻译模块”(interpreter module)，它的任务就是在事后自然而然地来解释我们的行为、决定、情绪等，即使它并不知道真正的理由。大多数时候，我们不知道自己在这样做，而一旦无法做出解释，就会造成认知失调；而发生认知失调，我们就无法解释自己的行为、决定、情绪，人就会分裂，至少会发生紊乱。

女性会用语言和情绪来折磨和摧残孩子，主要是羞辱。“我又没打过他，甚至没有大声地骂过他。”“你的学习不好！”那学习怎样才算好呢？“语文100，数学才98，那就是数学成绩太差了！”所以，这些理由都不是理由，都是人们用来发泄攻击本能而不至于丧失道德感时所用的借口。

任何一件事情都可以作为借口，随便一抓就是一大把，挑一个即可。“我叫她过来，她不过来，这么不孝顺，养不教，‘母’之过，我得教教她孝顺的品德！”

父母最大的谎言就是：世界上哪有父母不疼孩子、不希望孩子好。实际上还有个人排在孩子前面，那就是他们自己。每个人都最疼自己、最爱自己，孩子作为家里最弱势的个体，必然会成为父母发泄情绪的首选对象。父母的邪火没地方撒，只能向孩子耍威风。

每个人都堂而皇之地用孩子说事，实际上每个人最不能忍受的是自己被别人忽视。把自己的邪火撒在孩子身上的行为，一般都被意识扭曲成了爱的表达。

“孩子就需要羞辱才能成大事派”的教主可不是“虎妈”，而是行为主义创始人约翰·布罗德斯·华生（John B.Watson）。华生曾因为“虐童事件”和桃色新闻被逐出心理学界，但他的这种主张迎合了美国人比较疏远的亲子关系的要求，而且当时女性的地位刚刚得到提升，母亲们都很忙。

当时的行为主义认为：给孩子饭吃，就是母亲和孩子之间建立连接的唯一要素。不必关心情感，只需塑造行为；不要和孩子有什么情感接触，否则会宠坏孩子。总之，要把孩子当作动物，只需机械地付出。

华生认为用这种方式教育出来的孩子，独立性都很强，能力也很强。华生自己确实能力很强，30 多岁就做了美国心理学会的主席。但华生是儿童中的奇葩，本身就是个非常调皮捣蛋的孩子，从小就外向、神经质高、精力充沛、没心没肺……而大部分孩子都是敏感的，这样养育，其实不难预测将来会如何。

华生自己的四个孩子怎么样了呢？女儿波莉自杀未遂；约翰流浪街头，只是偶尔回家管他要点钱花，40多岁就死了；威廉自杀未遂，和华生老死不相往来，一生不得志，后来终于遂愿，自杀成功；詹姆斯是唯一一个正常点的。

他的两任妻子都有过类似这样的表述：我也不想这样对待孩子，但是作为行为主义大师的妻子，我不能不贯彻他的理论啊。结果你看，四个孩子废了仨。那你说，那不还有一个正常点的吗？不算完全失败。嗯，那倒是，只有75%的异常比例。

当然，如此养育孩子，不见得就没有正面效果。没有魔就没有佛，精神病学家纳西尔·加梅（Nassir Ghaemi）在《一等疯狂：解密精神疾病和领导力之间的关系》中提到："情感上处于稳定的平衡状态，并且总体上有一种幸福感的人，才称得上精神健康的人；然而平和而放松的心境，从来都不会激发出伟大的成就。"虽然他们终生缺乏安全感，人格和感受扭曲，但是为了弥补，他们会拼命地爬上社会阶梯，所以只要没被自己（或社会）压垮，这样的人一般都会学习好、工资高，总之就是急功近利；一旦遭遇挫折，就会一落千丈。

急功近利是为了用外界的东西来填补自己内部的空虚和不安。"虎妈"说自己很成功，女儿都考上了哈佛。但是考上哈佛有什么用？她们一生都在焦虑中，持续地寻找那曾经缺失的安全感，无论有多少外在的收获，都无法弥补这方面的缺失。

内在的荒凉，不是考上哈佛能够弥补的。从此以后，她们就会不断地在物质上寻找母爱的替代品。总之她们就是无法享受当下的生活，无法接受自己；寻找母爱的代替品，爱并企图摧毁他人；无法享受正常的亲密关系，无法动“情”；有自杀倾向。

有钱的都有病，这可不是句泄愤的话。母爱的充足会让人选择另一条路，那就是幸福，他们不太在乎物质是否充足，吃肉和吃菜都能很幸福。

父母拒绝付出爱，还有个变体，即交易式付出：猪养肥了，就是为了吃。“养你这么大我容易吗？”“我的是我的，你的也是我的，连你也是我的！”“你是我生的，我叫你死你就得死，叫你活你就必须活！”

华生是极度缺乏母爱的人，但是为了证明他自己不缺乏母爱，没事，所以发明了虎妈教养方式。哈洛之所以要研究亲子之间的依恋关系，正是因为他自己的母亲非常暴躁，和母亲之间的这种紧张关系，会扩展到其他所有人身上，尤其是女性。哈洛自己和女儿帕米拉的关系也不好，而且和他的同事马斯洛一样，他也没有参加母亲的葬礼。

06

情感勒索：以爱的名义进行精神禁锢

在一个方面没有达到自我实现，就会在另外一个方面强夺。

——孙向东

对绝对操纵权力的追求还有另外一个变体。美国心理学家苏珊·福沃德（Susan Forward）表示有一种软暴力被称为情感勒索，它利用人的责任心、愧疚感和对分离的恐惧心理进行强有力的操纵，亲密的人会用它直接或间接地威胁我们，如果我们不顺从，他们就会惩罚我们，让我们觉得自己是失德的、脏的和不被需要的。他们是惩罚者，向对方传递一个潜在的信息：如果你不按我的意志做，后果很严重，不是直接惩罚你，就是我自残，总之都是你的错。施害者以女性为主。[①]

和一般的敲诈不同的是，情感勒索者索要的是比财物更加复杂的东西——另一个人的关怀、付出等情感，时间、精力等资源，低级一点的才会是金钱，但金钱也是前两者的替代物。总之，就是榨干另一个人身上所有可以让自己感觉被关怀和被爱的东西，少一分，她便会施加十分惩罚。

男性勒索者和女性勒索者的惩罚手段是不同的，男人会使用直接攻击的硬暴力，这是被法律所禁止的，所以在美国很少出现。女人则通常比较迂回，常会变得可怜和无助，把对方压到道德低处，意思是：你不完全处于我的绝对控制之下就等于伤害了我，你是错的、自私的、道德低劣的、不配存在的……以受害者的角色作为敲诈的筹码。

前面说过，如果儿时的情感得不到满足，心理发育就会固着在那个阶段，成年后就会从受害者变成施害者，因为这时候人有了统治和施威的候选人。

她的内心极度渴望被爱，得到多少都不够，但自己无法付出情感。这就造成了畸形的一幕：她阴晴不定，细腻挑剔，非常敏感，不断地索要抚慰，又拒绝被抚慰，渴望被爱，又对示爱者进行无情的攻击，施加痛苦，将自己的躁动投射给对方。

---

① 本节以女性为例讨论情感勒索。

她往往会寻求一种不平等关系，只有在不平等关系中才有被爱的感觉；以伤害对方而没事，来证明自己很重要；以伤害对方到何种程度而没事，来度量自己到底有多被爱。潜台词是：我怎么自私你都爱我，那我才能感觉到舒服……

但是这种安全感反而会加剧不安。不平等的关系会造成爱的畸形，不可能形成连接。哈特费尔德（Hatfield）的平等理论（Equity Theory）认为：在一段关系中，如果个体感到关系不公平，就会感到不开心，越不公平就越不开心。关系不平等，两个人都会不开心，被剥削的不开心，过度获益的也会感到不舒服①。

情感勒索就像吗啡镇痛。吗啡镇痛但破坏机体，破坏了机体，就需要更多的吗啡镇痛……于是在破坏机体和镇痛之间形成恶性循环。

久而久之，勒索者自然会更加空虚、孤独、焦虑，于是她加倍地从丈夫身上索取，就像吸食吗啡久了需要加大剂量。她会对爱和关注进行无节制的索要，永无止境，就像沙漠对清泉的渴望，它只需要清泉无休止地流入，却只在流入的瞬间感受到一点点舒适，之后便是永久的荒凉。

她无法感受昨天的爱、刚刚的爱，只有在被爱的瞬间才有被爱的感觉。这是很可怕的，因为所有给她的爱，都像瞬间通向了下水道。

---

① 爱不是吞没和依附，爱是各自完整之后，再努力走到一起。否则，同床异梦和劳燕分飞是迟早的事情。

她在这一瞬间会感觉很爽，之后便是永恒的饥渴和索要。更可怕的是，少给一滴都是绝对无法忍受的，她便要惩罚对方，激活对方的耻感和脏感。

换句话说，只要没有情感的单向、无条件、持续的输入，她就会感觉到自己是被拒绝的、不被需要的、不被包容的。这时候她就要惩罚和施威，表示自己受到了伤害，展示自己的权威和力量。

攻击首先是指向丈夫的，于是家庭变成了绝对权力的争夺场所。但是这样的家庭矛盾通常是无法解决的。当索要恒久持续的单向情感输入而不得，妻子就会像攻击父亲一样攻击丈夫，剥夺他的自我价值感：“别人家的丈夫不是这样的！”“你为什么这么自私？”“你是一个男人，就该做男人该做的事！”

面对勒索，丈夫一般会采取消极的抵抗方式，远遁他处，另外寻找情感慰藉，比如成为工作狂或找情人。于是，夫妻之间，一个在战场上排兵布阵，等待施威，一个被动或主动地疏远或远遁，成了一个无法回家的人。即使身体回到家，他也只是把家当成旅馆，或者成为家里的客人，或者根本不说话，成为一个隐形的人。

父亲的缺席，是这一代人出现问题的主要原因之一。高中生将父亲作为第六倾诉对象，排在同性朋友、母亲、异性朋友、兄弟姐妹、网友之后。父亲在情感、陪伴、尊重、亲密、问题解决等方面，都缺失了。当父亲缺席，孩子的人际安全感便从根部开始解体。

但勒索者已经排兵布阵准备好了，被勒索者又不接招，怎么办？

孩子就会取代丈夫的角色，攻击会转移到他们身上。当父亲主动或被动地被隔离和疏远，孩子在母亲心中就代替了丈夫的角色，那份本来投射给丈夫的焦虑、需要、暴虐欲，会经过伪装转移到孩子身上，于是，幼小的灵魂就开始扭曲和萎缩，在各种矛盾的情感中如困兽一般压抑和挣扎。

妻子认为要从孩子身上获得安全感，毕竟血缘关系是最牢靠、最安全的。于是子女变成了垃圾桶，妻子把负能量倾倒在子女身上，子女成了她完全感的唯一来源。这时妻子的勒索会加倍，替代式地从子女身上索要从丈夫那儿得不到的胜利感，在假想的战争中冷暴力继续升级。

她曾经输过，所以这次她必须保证自己要赢，而且多活的二十几年不是白活的，她有更多的斗争经验和智慧去获取孩子的生命力和骨髓以滋润自己干涸的生命。潜台词是：你不需要其他任何人，尤其不需要异性朋友，你只需要我，我要完全控制住你才能确定掌控感，所以我要独家垄断你的情感经营权……

她会有一种冲动，想要把孩子困在自己的子宫里，填充自己的空虚感。但是，孩子是有棱有角的大活人，有自己的人格和体积，所以她会恐慌。

勒索者一般都依赖被勒索者对自己的依赖，所以一般有一个改造的梦想，有意无意地使对方出现精神上的缺陷和无能，把孩子的人格弱化，缩小他们的体积和人格，以模拟婴儿的样子，这样就可以把他们安全地塞回自己的子宫里去了。而对被勒索者来说，被磨掉棱角、压迫自我、被逼回子宫，自然意味着死亡，死亡焦虑会导致奋力的反抗和分裂，但他们实在解释不清自己为什么排斥自己深爱的母亲，所以他们一方面会谴责自己的反抗欲，认为自己是脏的、可耻的，一方面无法遏制与母亲分裂、与他人建立连接的渴望。但由于母亲长期的情感垄断，他们又没有能力和他人建立连接，面对自己的情感无能茫然不知所措，或在意识层面否认自己的真实需要。

关系一旦失去平衡，操纵欲就会变成摧毁欲，因为孩子不仅不肯退进她的子宫，还刺疼了她。

己所不欲，勿施于人；己所欲，也勿施于人。孙向东对小英说："你没有能力，也没有权利去改变对方的行为和态度模式。"如果一个母亲非要把孩子变成自己的子集，那么，孩子离精神分裂就不远了。孩子跑掉只是从本能上避免自己成为病人，这种力是无法遏制的。

但她是不允许自己认为自己是个施害者的，所以意识会自动编造出一个理由，来为自己开脱，并证明自己是一个不自私甚至伟大的人。被征召而来的孝道、家庭等都是幌子。她用来遮蔽自己双眼的幌子，最多的就是"爱"了。常用的台词是："这不是为了你好吗？""这不是为了这个家吗？""你这么做不对！""你有毛病！""没有我，你可怎么活？"

为了对孩子的精神进行强制性压缩，她会不惜采取任何手段，大部分是隐形的，要抹去暴力信息。于是，在男人缺席的情况下，家就成了女人对孩子进行精神裹挟、禁锢、侵占的战场。但在勒索的过程当中，她是没有觉知的。

她要求的是什么呢？首先是“乖”，或者换句话说就是“让我舒服”。怎么“让我舒服”呢？你要没有自我，你要变成我的影子或附属品，你要听话、爱我、理解我、包容我的情绪……于是，孩子成了她的母亲，可以给她无条件的温柔（小英的女儿哭诉母亲不疼自己。我向小英转达时，小英说：“我总觉得女儿回到家，是应该来疼疼我的啊。”）；孩子也成了她的父亲，可以给她无条件的关注（小英的女儿没有朋友，因为所有这种尝试都被母亲挫败了）；孩子同时还是一块肉，可以被压缩，随时填补她的空虚而不把她扎疼……

小英说：“这不就是爱吗？难道女儿不应该爱母亲吗？”这不是爱，而是自私到了极点，追求的是绝对权力。“爱”成了一个幌子，成了绝对权力下的奴化手段。勒索者对亲子关系只有三个要求：我说了算；你离不开我；我能完全掌控你。这就是绝对私欲和绝对权力下的绝对控制和绝对服从，这一般只存在于饲主和牲口、奴隶主和奴隶之间。这种绝对权力下，她会产生“整个世界都围着我转”的错觉，被别人珍惜和爱着，而自己不必动情，只需自残、动怒和施威即可。这种感觉真的很美妙。当母亲以母爱和亲情的名义温情脉脉地进行绝对掌控时，快感会瞬间达到峰值，脑内的多巴胺水平会迅速上升。

这不是爱，而是焦虑的转移，以孩子为假人向父亲和丈夫宣战和报复。单身母亲尤其会更加无节制地向子女索要，以满足这种美妙的复仇快感。剥夺孩子的存在感是很爽的，因为剥夺了别人的存在感，就完成了焦虑的转移以及满足了复仇的快感。

如果说父母是我们的两只翅膀，让我们能够在情感的天空中气定神闲地飞翔，那么在失衡家庭（父亲缺席，母亲勒索）中长大的孩子，其翅膀必然是一只超级肿大，一只仅有骨架。片翼天使并没有人们想象的那么美好。勒温称其为动力场（心理结构）失衡。

为什么勒索者会一直成功？奴化。奴化就是让你从内心认同，我害你是为了你好，就像日本人侵华时搞的那种“大东亚共荣圈”，“我们是来帮助你们的”的言论。最理想的被统治者是奴隶，是没有自我的动物，人格的伸展是对权力方的根本性的反叛。

为了获得理想的控制对象，年龄上的差距成了母亲进行操纵的一大优势，当所有的智慧都用来指向一个比自己少二十几年生活经验的人时，操纵实际上是易如反掌的。所有的奴化教育首先会告诉你一点：我做什么都是为了你好，我发脾气是为了你好，我羞辱你是为了你好，让你痛苦是为了你好……儿女由于年龄、经历上的劣势，面对这种状况是解释不清的，他们虽然痛苦，但无力选择，只能接受，并把这些托词内化成自我的一部分，人格开始奴化和扭曲。

被勒索者愿意接受这样的自己，他们无法从别处获得连接感，所以认为从这里得到的已经够用，只能和自己的母亲恋爱。他们已经有恋人了，就不再需要也无力去寻找另外一个情人了。他们没有分离的能力。断裂是痛苦的，和亲密的人断开连接是更加痛苦的，断裂后没人接盘则是更加痛苦的，而对人格尚未完善、亲密范围内缺少他人的孩子来说，分离必然是生命中无法承受的痛。他们怕失去，怕断裂，因为母亲一直垄断着他们的情感世界，这是他们的软肋。他们被掌控、被否定、被弱化、被贬低、被倾倒，但对他们来说，就算再恶质、再痛苦的连接，也总比完全断裂要好得多。

好吧，为了不失去奴隶主一样的母亲，那就只能牺牲自己。“我觉得这种牺牲是伟大的。”“如果只有自我压缩才能获得连接，那我就压缩自己吧。”“如果母亲需要寄生在我身上，我为什么不允许？”“她需要爱，我为什么不愿满足她呢？”“母亲的反馈和认可是我所有价值感的来源，那么我为什么非要做自己呢？”

对勒索者来说，筹码就是连接，每个人都需要的连接。对被勒索者来说，他们也得到了奖励，就像奴隶接受并感激奴隶主的奖励。为了维持自己的统治权，勒索者会无所不用其极地保证一点：只有我的爱才是有价值的。当孩子大一点之后，有能力去寻找别人的爱的时候，她就会传达另一个信息：你是无能的，你没有能力从他处获得爱。孩子虽然痛苦，但会接受并内化这个信息，或者她会有意无意地去加以破坏，确保自己不会失去情感的垄断权。

这是一种病态共生关系，叫互相依存，英文为 codependency，不好翻译。正常的情感需要（爱和被爱的感觉）和情感勒索是不相干的。前者根本性的前提是珍惜、尊重、动情，“我看到了你的存在，你做你自己就很好”。而情感勒索会伴随着威胁、压迫、贬低，“如果你是强大的，独立的，能够脱离我而独立存在的，后果就会很严重”。

情感之下，孩子的人格会得到自由的发展和伸张，强压之下，子女就会缩小成半成品和附属品，变成影子一样的人，整个世界必须完全抹除，至少砍掉一半，从未被表达出的真正动机也许是：你要什么男/女朋友，你有妈还不够吗？

但成长是一个自然而然的过程，灵魂会随着身量一起成长，于是人会在越收越紧的枷锁中，感受到日益增多的挫折感、孤独、自卑和屈辱，而且因为年龄劣势无法解释得通，所以无法协调自身的分裂感。

改变勒索和被勒索关系，等同于改变人格结构，这是痛苦的，对一个长期被勒索所以情感年龄较低的人来说，简直是生命中无法承受之重。多年来被奴化和自我催眠的思维，根深蒂固地根植在“超我”之中，深入骨髓，成为人格的一部分。人格是由勒索者决定和塑造的，要改变谈何容易？！

改变自己的绝望境地是痛苦的，因为改变人格就像把房子拆了重盖一样。而长期被勒索和禁锢，人格哪儿来的力量？力量不够，强行成长，整个人格都会坍塌。

被勒索者的整个世界都因勒索者的认可而存在，所以是痛苦的；但如果勒索者消失，整个世界就会崩塌，所以也是痛苦的。

既然无论如何都是痛苦的，而且改变会更加痛苦，那么就“待在这段关系中，允许自己痛苦吧”。

所以改变往往不是个人可以选择的，而是出现了一个契机——我们遭受了更加巨大的、强于分裂感的痛苦，或者遇到了另外的可以建立连接的情感寄托[①]。

> 比起失去朋友对我的尊重，我倒更愿意失去一个朋友；比起失去父母对我的尊重，我倒更愿意失去父母。
>
> ——雅彤

把自己的大部分人格分裂出去（母亲是我们人格的组成部分），人会空虚，这是精神中最大的伤痛。如果精神也可以有一个人的形状的话，那么现在的灵魂就几乎只剩下一堆白骨了。

痛苦是成长的开始。只有所有腐烂的肉剥离了身体，我们才有长出新肉的机会。能够和你建立连接的不仅仅是勒索者。当你剥离了腐肉，从被勒索的生存状态中走出来，就会发现有些人会自动和你建立正常的连接，你开始有长出新肉的机会。

但刚刚从被勒索者的角色中解放出来时，人们一般是抗拒连接的，被夹疼、夹瘪的自我同时在渴望和抗拒（见第 3 章第 4 节）。

由于长期无法得到真正的情感，现在得到一点点，就能够满足我

① 但是另外的情感寄托不是那么容易出现的，因为勒索者在严防死守，比如父亲其实不希望女儿找男朋友。而另一方面，如果这种情感寄托是突如其来的，往往就是虚假的，一般是被反社会型人格障碍患者钻了空子，很多失足少女都是这样产生的。

们的需要，正常浓度的情感都像极了伤害，毕竟我们的新肉还没长全，略有些浓度的营养液都会变成刺激物。

如果你遇到了极想融入集体又很难做到的人，你就知道他们想必就曾经是被勒索者或经历过强制性照顾和情感监禁。他们正在长出新肉，低龄的灵魂正在追赶身体生长的脚步。如果一切发展顺利，他们接下来会一步步经历被爱无能、失败成瘾症、外向孤独症（指外在热乎乎、内在空荡荡）等。接下来他们要做的就是等待一个个机会，一步步完成人格的真正重塑。

07

身不由己的攻击

人能享受兴奋、宁静、愉悦的生活，都是心底安全感的表现；人在成年后遭遇的所有问题，都是最初不安全感的变体、外化和泛化。

——孙向东

家族诅咒

古代迦太基民族，孩子是祭祀品，用以平息神鬼的怒气。阿伽门农远征特洛伊时，遇到风暴，就把自己的大女儿拿出来祭月神塞勒涅，以平息神怒。家庭中最弱小的个体——通常是家里的第一个孩子——会成为“祭品”（sacrifice）或“替罪羊”（scapegoat），承担所有的苦难。

在失衡家庭中长大的孩子，不会被火化或被弃置波涛中，但要经历精神上的水深火热。他们经过煎熬的人格会变得非常特别，或者说灵魂非常孱弱，一般都很敏感和聪明。

而当他们成为父母时，失衡就会传递给下一代，于是就像存在一种“家族诅咒”，一代代地传递了下去。诅咒是不知不觉的，由不得个人选择。父母自己都左右不了自己，孩子也左右不了自己对他们的爱恨交织。

人们会伤害他们所爱的人，人们也会爱上被他们伤害的人和伤害他们的人。只有动情的对象才有能力伤害我们，我们也会认为只有自己动情的对象，才值得伤害，伤害起来才会有感觉。毕竟只有这些人进入了自己的人格，才有资格代替父母延续我们的爱恨交织。

德国人海灵格创立了一种非常有争议的咨询方法，通常称为“家排”，全称“家族系统排列”，可以解释“家族诅咒”。

海灵格认为，人是社会性的生命体，所以属于一个有机系统，这个系统就是家。家不是一棵树，而是一个星座，一个有机体。

家族星座有它自己的运行规则，来维持自己的平衡。星座本身的责任是维持自己的完整，使自己能够维持平衡。如果失衡，系统运行的规则被打破，那系统自身就会修正结构，压力向弱势个体倾斜，它有这种力量。

为什么替罪羊会不自觉地留在系统中呢？维系的力量是归属的需

求，每个人都有归属于这个集体的本能需要，越想否认就越压抑不住。

为什么创伤会自动留在系统中呢？每个人都有归属于这个系统的权利。当某个人从系统中流失（比如非正常死亡、堕胎），他 / 她就失去了这个权利，而他 / 她的不被尊重就会生成“诅咒”，就会导致整个系统失衡。系统会自动保留这个缺陷和“诅咒”来影响家族的所有成员，并在其中一个人身上表现得尤为明显。其他“诅咒”事件还包括离婚、犯罪、自杀等。

代代相传

举例来说，假如你的祖父杀了人[①]但从未被发现，那么他的这个行为在他心里投下的阴影，就不能在外面表现出来，但是他的压抑会传递给你的祖母和你的父亲，被他在物理或精神上摧残一生。

你的父亲在这样的家庭环境中长大，就会无意中认领这部分负能量。

而在你的教养过程中，你的父亲会把从你的祖父那里得来的负能量发泄在你身上，于是你就像曾经的他一样成了一个垃圾桶，而后你会再把这些负能量传递给你的子代，选择其中一个作为主要载体。

---

① 为了解说方便，海灵格认为，这个被杀的人会自动分裂成两半，一半留在原家族，一半进入杀人者的家族，成为后者家族中的一员。

家族集体意识中承载的诅咒，对所有成员都会起作用，只是会集中体现在祭品身上。

如此，这些负能量一代一代地传递了下去。悲剧不会停留在哪一代，而是持续传递下去，试图再次重演，在每一代都找到一个替罪羊和祭品，每代祭品的症状表现都基本一致。

这就是所谓的“家族诅咒”。这种诡异现象又称为“跨代创伤”（transgenerational trauma），并非鬼神所致。

这些负能量就像垃圾一样无处可扔，跑不出家族的范围，一直存在。每一个子代都会成为一个无法排空的垃圾桶，只能等自己有了孩子再传递给他。

没有人愿意这么干——希望摧残自己的下一代，诅咒在家族内部的承载和传递，往往是在不知不觉中完成的。为了和以基因为载体的生物遗传相区分，这种遗传可以称为精神遗传①。精神遗传大多都是诅咒，一代传一代。

一个世代会无意识地选择一个成员，去填补受害者的空位，使他/她重复受害者的命运。这种诅咒，会一再延伸至后代中去。扮演那个受害者并承载家族苦痛和困扰的这个人就是作为祭品的存在。

家族集体潜意识并不理会这么做对个人是否公平，它只负责维持

---

① 最近有一个新学科称为表观遗传学（epigenetics），不把这叫作精神遗传。它通过实验证明这是一种基因水平上的遗传，但并非通过改变基因序列实现的。换句话说，前代的经历都在基因层面遗传了下去，虽然基因序列没变。

系统的平衡。这就是“家族”这个有机系统的基本规则和秩序。

根据海灵格的观点，这个祭品会出现身心问题，只是因为个体“分担着一个不被接受的家族成员 / 外来人员的命运”，这被称为“牵连”。牵连的表现可以是极端的性格、过度孱弱的身体、过激的情绪、异常的行为……

祭品会在无法言表和无法解释的痛苦和愤怒中挣扎。当家族中的后代出现异常无法解释时，就要怀疑可能是他 / 她认领了家族的诅咒，成了家族这一代的替罪羊。可能他 / 她正扮演着系统中的另一个人，但在整个过程中受影响的人是完全不知道的，整个家族也没什么知觉。

小英因为抑郁、躁狂交替出现（双相情感障碍）和进食困难而接受了治疗，家族排查的结果是：她的大姐（她现在有一个姐姐、两个哥哥、一个妹妹）在她出生之前夭折，是饿死的，而她被认为和那个死去的姐姐长相十分相似，于是她自动认领了姐姐的角色，也就是说她扮演了那个因饥饿而死的角色，所以导致了心理上的自虐倾向，她要饿死自己。而整个家族也都处于悲伤之中，仿佛被恶鬼诅咒了一般。

但同时“生的本能”让她不能饿死自己，于是她出现了分裂。当被遗忘的家族历史被揭露出来，扰乱的系统秩序就恢复了平衡：姐姐被家族人员接受了，所以现在小英就只是小英，没有其他的角色了，冲突就消失了，家族也恢复了平和的氛围。

家族的“诅咒”会一代代传递下去，延宕至下一代再次发作，不以人的意志为转移。旋涡内的人的挣扎不仅无用，反而会加速“诅咒”的实现。家族内的意志行为、努力行为，都是加速“诅咒”实现的途径。无论人们如何致力于子代的自由成长，都忍不住控制着他们朝某个方向发展。要“驱魔”和破除“诅咒”，需要外来的力量。

行为主义会说，“我”是个人与环境交互作用的结果，“我”是过去一切经历之和。要摆脱诅咒，必须改变环境。人有选择权，可以做出改变。

帕斯卡曾深刻地思考了人和动物的不同。动物的能力和技巧只是出于自然的需要，它们并不知其所以然，因而只能盲目地不自觉地重复。而人不同,“祭品”在改变自己命运的时候，有且只有一个主动权，那就是选择另一个环境。

祭品没有什么其他能力去左右命运，只有这个主动权。在做这个选择的时候，需要遵循人最内在的声音，不是理智，不是舒适的感觉，而是“生的本能”的渴望。

理智与舒适的感觉就是既有的认知结构，它只会得出和以前的自己得出过的相似的结论。人在记忆中形成认知结构，维护和组织情境中所发生的各个事件。认知结构决定人会如何获取和加工这些信息，做出计划和解决问题。这个认知结构是以前的环境和记忆决定的，所以会得出维护从前平衡的推论，理由都很动人且充分。

要改变命运，就要改变认知结构；要改变认知结构，就要创造新的记忆，就要离开这个环境去寻找这些新的记忆。不换环境，再次出现的都是和之前本质上相似的东西，只会加强之前的认知模式。

一场说走就走的旅行，也许是自我的某个部分在无意识地追求外来的力量，改变自己的问题（当然，我不支持任何未成年人离家出走，因为外面的力量对心智尚未健全尤其是略有瑕疵的人来说，也许是摧毁性的）。

冷漠和抗拒感的“遗传”和“突变”

冷漠即无视另一个人的存在，拒绝给予反馈，在亲密关系中没有比冷漠更有攻击性的武器了。冷漠一般是“遗传”来的，人们在母亲或父亲那里遭遇了冷漠，被当作不存在，就会无意识地同样对待自己的子代，把“冷漠”这种诅咒一代代传递下去。还有一种冷漠“基因”不是遗传来的，而是“突变”而来的，从这一代开始成为新的家族诅咒。

我们说一个不正常的依恋关系。母亲暂时离开后，婴儿都会痛苦，这是正常的，可以通过抚慰进行缓解，哄过来就没事了。但当母亲离开太久后回来，婴儿便可能有异常反应：拒绝抚慰，表现激动，无节制地索要拥抱和奶水，同时攻击母亲，甚至咬母亲的奶头；表现冷漠，觉得母亲很陌生，回避母亲。

年龄稍大的孩子和母亲或父亲长时间分离后，也会如此。王倩的父亲曾经离开过她 3 个月的时间，那时候她刚 3 岁半。等他回来的时候，她表现出对父亲的冷漠和回避。她回忆说："我总觉得那个人只是长得像我爸爸，但他其实不是，他是另外一个人，很陌生，很怪。我妈逼着我叫他爸爸，我只好硬着头皮这样叫，但我心里知道其实他不是。现在我不再认为他不是我爸了，但一直很难和他亲热起来。"

小孩子的时间连续感比较差，时间断裂太久就很难再续上了，后果很严重：他们无法把这个回归的人等同于之前消失的那个人。有时父母不是完全离开，而是来了又走了，走了又来了，这种反复的拉扯，导致的不信任感更加强烈。

父亲或母亲刚刚离开时，孩子幼小的心灵是焦虑的，分离焦虑得不到缓解，就会慢慢积累起来变成疼痛。如果父亲或母亲还不回来，他们面对无法改变的事实就会被迫改变自己的感受，来消除疼痛感，以保证对情绪不造成太大的影响。

他们需要不断地告诉自己：我不疼。为什么我不疼呢？我一个人就很好，我不需要这样一个人。于是，以父亲为载体的人际安全感和以母亲为载体的基础安全感慢慢瓦解，且几乎无法修复。然后他们会选择忘记这份疼痛，当疼痛感压抑到潜意识中去就形成了内伤，灵魂不随着身量一起成长。因为忘记了自己想要什么，他们一生都在寻找，丧失感挥之不去，却永远求而不得。

他们会对整个世界缺乏信任，在人群中也感到孤独，或他人一靠近就感觉不自在，自己独处也不舒服。他们害怕孤独，但当其他个体靠自己太近，无论物理上还是精神上，都会让他们感到不舒服；他们渴望进入群体，这样就可以模糊掉自己的个体意识，而不是和集体建立连接；他们被群体排斥时感到痛苦，但进入群体后无法深入，所以偏爱那些可以自由离开的群体。这就是孤单、寂寞、冷漠的动力。

长不大，人就是痛苦的，当感觉到痛苦，人就会攻击，当攻击不了原来的那个人，就寻找替身重复曾经固着的模式，攻击的武器就是自己的情感发生断裂时所遭遇的“冷漠”。很多年之后，当这个孩子（无论男女）建立了亲密关系后，便会把配偶当作曾经的父亲或母亲，以冷漠作为被动攻击的武器，象征性地赢回曾输掉的那场战争，从受害者变成施害者。

或者会发生过度补偿，他们会黏住配偶，企图让对方过度补偿自己的丧失感，导致对方心力交瘁，无力应对。从父亲或母亲那里得不到什么就在别人那里要，而且永远都不够；他们会无节制地索要关爱，同时报以冷漠和拒绝，以对方为假人对幻想中未断裂的父女（或父子、母子、母女）关系进行模拟。

带着断裂感和丧失感的人有了孩子之后，便会延续父亲或母亲对待自己的方式去对待孩子，施加冷漠的力量，内在动机一直试图证明：没有人需要这样一个人，因为我曾经不需要这样一个人；没有人需要这样一个人，否则我就是不完整的了。

父女关系断裂的女儿成为母亲后，会不让丈夫抱孩子，把两者尽量隔绝开来；父子关系断裂的儿子成为父亲后，会从心底抵触孩子的存在，把自己和他们割裂开来。

这样，亲子之间的割裂感便一代代传递下去。

躁动的一代：还没长大就老了

> 我是一个情感细腻的人，很容易悲伤，但我从未绝望，我痛苦但坚强地活在这个世界上。
>
> ——余宏

也许从另一个角度讲，不安全感不是一个心理问题，也不是一个家庭问题，而是一个时代问题。社会作用于父母和家庭，而父母和家庭又造就了这一代人的心理状态。所以，安全感缺失是一个普遍现象，不是个案。

这一代人的精神成长阶段，正好是改革开放后的经济爆发期，人们忙于物质方面的收获而忽略家庭情感的培养。在这样一个大背景下，投射到家庭中，就产生了三个共同的问题。

第一个问题，母亲成为情感勒索者和意图吞没子代的人，普遍习惯于拒绝、否认、打压孩子，剥夺子代的基础安全感。这已经说过了。

第二个问题，父亲缺席。他们在忙着赚钱，无力培养孩子的情感，导致孩子普遍人际安全感较差。

以前，人际安全感的问题基本上是不会有的，到了近代才开始出现。在原始社会，父亲会带着孩子出门打猎；在农耕社会，父亲会带着孩子下地锄田，手艺人则手把手地教授孩子手艺。孩子和父亲的连接就在这些环节中建立起来。

通过共同的劳动体验，子代和父亲建立起了连接。但是在工业社会，父亲只需要赚钱养家，所以精神上成了影子式的存在。成年后，这一代人一生都在和连接的缺失带来的焦虑做斗争。心理学就诞生于西方的此时——1879 年。

处理好和父亲的关系，才能够确认自己的性别，才能完成性别角色的认同和社会化。父亲缺席，性别认同障碍的倾向就会很普遍。

要成为合格的社会成员，就必须知道自己的性别和社会对不同性别的期望，并将这类信息整合到自我概念的系统中去，形成独特的个性特征和行为方式。这是儿童个性和社会性发展的一个重要方面。

我们会在父母的互动中认同自己的性别角色。儿童对性别角色的认同是从对父母双方的认同开始的，通过内化父母对性别角色的标准、价值、态度等形成自己的信念，最终形成自己的性别角色认同。当我们发现自己的能力越接近某一性别，就越偏爱成为其成员；对同性别的父母越喜欢，就越偏爱成为同性别的成员。社会环境中存在的关于某一性别价值的线索是性别偏爱的决定性因素。

父亲缺失，这个偏爱就无法形成。性别化是儿童对同性别父母认同的结果之一，男孩不喜欢自己的父亲或者家庭缺失父亲，家族缺乏男性，依恋没有办法正常地转移到外界，转移到同伴身上（偏爱同性同伴），他们就会很愿意相信自己是女孩。女孩同理。

第三个问题，也是最严重的问题，父亲 / 母亲会成为竞争者，家会成为痛苦的代名词，而不是安全的港湾。如果曾经的家是永无休止的痛苦地狱，人们就会恐惧重要他人，这种恐惧和对重要他人的渴望会造成人们的分裂。

父亲只单纯地缺席，倒还好一些，但由于情感的断裂，父亲与孩子之间的关系往往不是空白的，而是黑暗的。在断裂的情况下，父亲的焦虑也会投射给孩子，于是父亲并没有变成隐形人或影子，而是变成了家庭的阴影，变成了竞争者（与孩子争夺妻子 / 母亲的关注），而这个竞争者会利用自己的权威对对手进行惩罚，在竞争中获得胜利。于是，和本就不亲密的父亲的竞争带来的挫败感，成了造成孩子人格扭曲的原因之一。

这一代人，青春期来得早，走得晚。

在与父亲的竞争中，儿子一直都会有一种阉割焦虑。他需要在青春期象征性地征服父亲，才能够摆脱这种焦虑。这时候需要更加包容他，并认同他的尊严、价值和能力，才能帮他完成成长。

但父爱的缺失以及与父亲的竞争，会让男孩无法成长，于是无法进入成年领域。所以我们看到很多大龄未娶的男人，都停留在了青春期阶段。同理，在与母亲的竞争中，女儿会有被子宫再次吞没的焦虑。她们要象征性地赢过母亲，才能够顺利地将对父亲的感情转移到其他男人的身上。但是缺爱的母亲无法付出爱，自然就导致女儿无法成长。

父亲对女儿的惩罚会比儿子更加严重。对儿子来说，父亲是个竞争者，输了顶多认为他自己是无能的；但对女儿来说，这是个她必须爱上才能够长大的人。当这个她需要去爱、期望被爱的人伤害了她，背叛了幼小的她，她的灵魂就已经不可能再健全了。父亲成了她想爱却给她带来伤害的人。从此以后，她遇到的任何男人都会被她透过恐惧的镜片进行观察，和所有男人（甚至女人）的交往都会不断地重复这一幕：爱他/她，被他/她拒绝，或者自己学会先拒绝，在对任何人动情之前，先拒绝自己的真实感受，遏止它的发展，免得遭受这个自己爱的人（父亲的化身）的拒绝。

亲密关系中的情感问题常常是早年亲子关系中问题的复演。早期的痛苦深藏在无意识中，需要转移，他们会把痛苦投射出来（或称为外化）。他们会同时扮演自己的父母和当年那个幼小的自己，找一个亲密对象代替曾经无助的自己和将自己抛弃，背叛/伤害自己的母亲/父亲，从受害者变成施害者，以伤害他人来获得对生活的掌控感，消除焦虑，满足自己未被满足的情感需要。

在时代的背景下，安全感的缺失成了一个普遍现象，是时代中已知因素和未知因素合力的结果。在这个旋涡中，父母只是一个中介变量。他们也很无辜，他们剥夺子代的安全感去填补自己内心的空洞，他们不是有意的。你原不原谅他们都不能算是他们的错，从根本层面上来说，他们也身不由己。

人要获得最终的疗愈，就要恢复和父母的连接，不管你是否愿意，这只是或早或晚的区别。

CHAPTER 4

如何获取安全感

像重生一样活着，
就像第一次没有活好。

01

“我的内心其实是抗拒的”

打开鸟笼的门，

让鸟儿飞走，

把自由还给

鸟笼。

——非马

理论就像一张支票，除非把支票兑成现金，否则它只是纸张，毫无价值。我们现在着重开始聊一聊获得安全感的方法。

首先，自怜、多愁善感的文字，我一般都不建议人读，越读问题就越严重，比如我们引用的一些句子是诸多案主的智慧闪光，应该都很能“勾魂摄魄”。病人才能写出好文，因为能和很多人产生共鸣。而治愈系的文字，可以丰富我们的情感生活，但我要说它从效果上讲就像挠痒痒，我们觉得很爽，但实际上并不能解决问题。

真正有治愈效果的是人，是和人的互动，无论恋爱还是失恋，无论咨询师还是神父。

最疗愈的就是人，这样的人会成为我们的重要他人，有资格和能力扰动我们的人格，促成其重塑。咨询师只是其中的一种。

咨客来找咨询师会得到两种帮助：心理治疗和解释支持。这是两种不同的东西。解释支持是什么？是用一个体系将问题解释清楚。通则不痛，痛则不通。当你能够解释自己的问题，就会获得对自己的掌控感（基础安全感），不管它是什么理论，只要能够让你厘清自己，那这个东西就是管用的。

乔治·凯利本来认为，精神分析等高深理论对受过高等教育的人才管用，但是他发现没有什么文化的人也能够接受理论解释，并且取得很好的效果。最后他明白了，其实这些人最需要的是对周围事件的解释，以及对他们自己将来还会发生什么做出预测。这就是解释支持。解释有疗愈效果，能够起到支持的作用，所以才称为“解释支持”。

读书让人能够从另一个角度看问题，有疗愈效果，不管它是不是科学，所以读书属于解释支持。这个阶段心理治疗还没有开始。

解释支持最大的缺点就是不见得对任何情况都有效，而且一般只有效那么一小会儿，当下作用非常明显，持续效果一般没有。所以，解释支持之后，更重要的工作是心理治疗。

心理治疗中起最大作用的是陪伴、反馈。不幸的是，自己操作就不会有陪伴和反馈。幸运的是，有些技术和方法也就是家庭作业部分，个人也可以操作。但自己操作，治疗往往容易走偏，而且耐心一般会跟不上效果的进度。不过，只有自己最了解自己、最清楚自己的问题，自我监督和自我洞察总比旁人的观察和测量要准确得多，所以自我疗愈是有优势的。

过去二三十年的纵深，决定了我们目前的安全感的分值，但是成年之后，我们就有了自我治愈的可能。奥苏贝尔（D. P. Ausubel, 1954）强调青年期是“心理、生物学因素”和“心理、社会学因素”的综合作用时期，“所有文化中的青年期，都可以记述为向生物、社会地位的移行期”。结果就是人格再构成的可能性。

只要我们善用这个契机，分析出并真切地感觉到过去对现在存在的限制，迎接人格重塑的阵痛，就可以突破这种限制，使自己的当下萌生希望，未来充满生机。

但成长可不是一蹴而就的，相反，阻力非常大。

马斯洛说：“成长往往是一个痛苦的过程，而且人很可能因此而逃避成长；我们既害怕自己最好的那一面，同时又热爱它；我们面对真善美的时候，也无一例外地陷入两难，即，对它们又爱又怕。”也就是“我的内心其实是抗拒的”。

另外，精神上的治愈是深入、细微和持久的，短期内并不会有直观的效果，说得直白一点，就是起作用慢。

活着就是活个过程。要获得满满的安全感，首先要尊重自然发展的速度，要尊重这种规律。其实，凡是自然界的东西，过程都是缓慢的，太阳一点点升起，花一朵朵开一瓣瓣落，而那些急骤发生的变化大多是灾难，比如火山爆发、飓风、海啸和地震。人的成长也是如此，一般需要三四个月，效果才会初露苗头。如果没有外来干预，一般到50岁的知天命年龄，人们也自然而然地能够自己获得真正意义上的人格重建。

安全感的重塑是个漫长的过程，但效果是渐进且扎实的。快速的往往无效，慢慢变化才是稳妥的，就像猴子一旦进化成人，就基本上回不去了。当你掌握了技能，学会了优雅，再往回走，自己都觉得不可能。

02

自我觉知：倾听自己内在的喜悦和噪声

自我觉知是改变发生的必须过程，虽然并非充分条件。

——孙向东

观自在：看到自己是这样一个存在

一个秋天的上午，一个父亲对正要去钓鱼的儿子说："昨天我和邻居杰克大叔去清扫南边的一个大烟囱，那个烟囱只有踩着里面的钢筋踏梯才能上去。你杰克大叔在前面，我在后面。我们抓着扶手一阶一阶地终于爬上去了。下来时，你杰克大叔依旧走在前面，我还是跟在后面。钻出烟囱后，发生了一件奇怪的事情：你杰克大叔的后背、脸上全被烟囱里的烟灰蹭黑了，而我身上竟连一点烟灰也没有。”父亲继续微笑着说：“我看见你杰克大叔的模样，心想我一定和他一样，脸脏得像个小丑，于是我就到附近的小河里去洗了又洗。而你杰克大叔呢，他看我钻出烟囱时干干净净的，就以为他也和我一样干干净净的，只草草地洗了洗手就上街了。结果，街上的人都笑破了肚子，还以为你杰克大叔是个疯子呢。”

自我是最陌生的亲人，自我是最亲密的陌生人。人是社会性动物，社会性动物的特点就是把看到的别人当作自己，而渐渐忘记了自己还是个独立的个体，忘记了自己真正的样子和感受。

人的行为分为自动化行为和自主行为，如果把你平时的行为录下来拿给你看，你会很意外地发现为什么自己会有这样的小动作；而如果做角色换位扮演，你会吃惊于原来自己是这样的。

猫狗的宿敌，就是镜子，因为它们不知道那是自己；而人之所以成为人，是因为人不惧怕看到自己。人需要了解自己，观照自己。不爱照镜子的话，怕的是那部分不愿面对所以陌生的自己，于是人和现实的自己越来越远，这是一种分裂。当案主开始注意自己的容貌和打扮，他就开始重拾自我意识了。

自我意识，就是了解自己的特点、个性、价值、伤痛和能量，以及自己的模样和感受。当人能够面对真实的自我，尤其是自己躲避的那部分时，人格就开始了回归现实的过程。

一个好的咨询师在设身处地为案主考虑时，不会成为一个指点人生的老师（除了咨询初期的解释支持），而是一面镜子，让案主从镜子中看到自己：看清自己的问题，也看到自己的能量。咨询工作的一项非常重要的任务，就是带着案主，完整而充分地体验自己的身心状态，引导案主进行各种深度的探索。其实，即使没有咨询师，我们自己也可以做这种深度的探索，并慢慢成为观照自己的镜子。

闭上眼睛，你能还原自己的样子吗？你的发型是什么？眼角的纹路如何？身体各部分的知觉如何？当下的感受如何？为什么会不舒服？……

意识到并尊重自己的存在，自身的生命力就会在伸展中有种种自然的表达[1]；压抑了自我意识，人就像没有长开的花，还没结果就开始枯萎了。

没有自我，只是说明人恐惧接受现实的自我。重拾自我觉知，可以帮助人寻回消失的存在感。只有感受自己才能真正爱自己，或者说感受到了自己，爱自己就是一个自然而然的结果。

当你静下来，仔细聆听自己的声音，就会感觉到身体和精神里面的噪声。那噪声就像听音乐的时候耳机中电流的声音，当音乐声音够大，会遮蔽它的流动。平时，这种噪声就和其他信息混合在一起，只有最静的时候人才能感受到身体里的噪声。倾听这噪声，感受它，问

---

① 即所谓的“个性化”。

它到底从何而来。你知道，这噪声就是身体和心灵的骚动不安，往往来自曾经的不愉悦事件，尘封已久，隐隐作痛。

面对比忘记更重要。只有精神的伤痛被感觉到了，它才能开始自己愈合的过程。一旦愤怒和恐惧被觉察，它的浓度就会稀释一些，这就是情绪的体验能力，是情商的基础之一。它就是你内在的小孩，如果你不理它，它就会一直在，只有得到了安慰，它才会停止躁动，或早或晚。

情商包括三部分：第一，情绪体验能力；第二，情绪表达能力[①]，可以清晰地传达自己的感受；第三，情绪抑制能力。人们通常认为情商只是第三个部分，而忽略前两个根本。如果能体验自己的情绪并表述出来，情绪就会泄掉一部分，自我掌控则是自然而然的结果。

灵魂就像一棵树，自我觉知给灵魂添加营养。你越能觉察自己，深入地了解自己，就会越接受自己、尊重自己、欣赏自己、感受到自己。触及自己的灵魂，是一件很神圣的事情。

自我觉知，按佛教的说法就称为“观自在”：看到自己是这样一个存在。所有非正统的所谓“灵修”，无论什么派别，大抵都可归为“自我觉察”这个词，觉察自己的存在。感知到了，就能接受自己，能够愉快地接纳自己，不是因为自己优秀，而是因为自己就是这样一个存在罢了。

---

① 这种能力不是跟别人撒邪火的能力，而是冷静地表述自己的情绪和感受的能力，撒邪火是情绪抑制能力缺乏的表现。

自由联想是自我觉知的一种，效果非常好，可以帮助人们觉知他们感觉不到、不愿感觉或拒绝承认和感受的那部分。但自由联想一般无法由个人自行操作，即使个人擅自操作，效果也不见得有多好，甚至副作用会超过有益效果。所以此处就不多说了。

停留于此：高峰体验、心流体验

我们一般都在不断地闪回，闪回到之前那些创伤性或愉悦性的体验之中。没有意识指导的闪回，无益于自我觉知。而停留于此（stay here），就是想象进入愉悦情绪的情境并停留其中的方法。有一种支持性资源，称为高峰体验（peak experience）。

近亲结婚是不是有问题，我不知道，但我知道马斯洛很喜欢他的表妹。马斯洛的童年并不怎么愉快，他长得不怎么好看，大鼻子，学习也不怎么好。但他真的很喜欢他表妹，只是从来都不敢说。

一天，这两个人待在一起，扭扭捏捏了老半天，也没啥进展。站在旁边的姑妈实在看不过去了，就说："看在上帝的分儿上，请你亲她一下吧。"于是，他就亲了她一下。这一下不得了，马斯洛觉得整个世界都变了。

于是，他从韦特海默那里借来了一个词叫"高峰体验"。他说，所谓高峰体验，就是生命中曾有过的一种特殊经历，个体体验到一种兴奋与欢愉的感觉，体验到一种发自心灵深处的战栗、欣快、满足、超然，那种愉悦虽然短暂，但尤其深刻。

马斯洛没有参加母亲的葬礼，按照正常的逻辑，他应该会十分缺乏安全感。如果没有这次高峰体验，估计他也就变成另一个自卑龌龊的猥琐男了。我想，每次他遇到什么挫折，都会闪回到高峰体验的时间点上并瞬间“满血复活”吧。正如他自己所说，一个人可以借着为数不多的高峰体验，获得人性的解放和心灵的自由，并照亮自己的一生。

有时候我们忘了自己还有过这样的体验，所以需要进行自我审查，并对那些能引起愉悦体验和控制感的活动加以关注和标定，它们是恢复安全感的重要载体。我们每个人在一生中至少有过一两次高峰体验，仔细回忆所有的细节，告诉自己：这是我想要的，这才是我。

心流体验（flow experience），又称为沉浸体验，或称为“陶醉”，是另一种发生频率更高的美好体验。它指的是人在做一件事时过滤掉所有不相关的信息、集中注意力、完全沉浸其中的感觉。人在这种体验中，会从做事本身中获得沉浸的快感，时间感被扭曲，仿佛是灵魂而不是时间在流动一样。

这时人是最快乐的，快乐来自投入、熟练、满足本身，人会对正在进行的活动和所在情境完全投入和集中，对其间暂时性的干扰（时间、食物、烦事等）自动忽略。这是一种人人都经历过的感受，比高峰体验的发生频率要高。

游戏中会产生沉浸体验，人的目的性不强，只是进行探索，完全专注，并在活动中引导出心理享受。例如，篮球场上的人的体会应该非常深刻。

爱好可以引导出心流体验。托马斯·曼写的《浮士德博士》中，一个学钢琴的小男孩问老师：这个世界上有没有一种情感超过了爱。老师说：有的，这种情感叫作兴趣。

我们有 1/3 的时间在工作和学习，如果喜欢自己的工作和专业，就会有 1/3 的时间处于心流状态下。有些男人在家里得不到爱，就会寄情于工作，因为工作会给他们带来这种心流体验。学海无涯“乐”作舟，这个“乐”就是心流体验。

人区别于动物，在于会使用工具。人和人不同，首先在于人们使用的工具不同。工具是一个载体，是人的身体的扩充和延续，并被内化成一个人的人格。当乔丹手里握着篮球，当将军拿起佩刀，当编辑拿起自己的红笔，当牧师拿起《圣经》，甚至赌徒摸到麻将……他们就进入了陶醉或沉浸状态，开始启动心流体验。工具的重量、形状、质感、手感都成了心流体验的载体。

人都需要心流体验，心流体验是让人上瘾的。乔丹不打球，将军被投闲置散，编辑没有稿子可看，牧师被剥夺圣职，赌徒没有赌本……他们的手就会发痒，内心对心流体验的渴望，比瘾君子对毒品的渴望更甚。

03

清醒催眠：让生活充满仪式感

在意识层面上对人进行影响是很难有什么效果的，无论影响他人还是影响自己。催眠则不同，催眠企图触动人的灵魂，它让人相信，让人失去抵抗力，不由自主地按照别人（或另一个层面的自己）的意志发生改变。所以催眠发端于巫术就不足为奇了。对被催眠者来说，深度催眠的感觉就像鬼压身，明明人醒着，但手脚就是动不了，意识分裂了，影响就由不得你了。

在某些文化群体中，人们会经历强烈的宗教体验，体验到极大的愉悦感，因为这种意识状态非常特殊，逻辑思维消失了，但是感觉状态又没有消失，而且内啡肽的分泌达到顶峰，身心产生强烈的愉悦感。所以教徒会把祷告称为“心灵按摩”，是否符合科学精神先不管，其效果非常显著。

有些基督徒有强烈的宗教体验，在所谓的“灵修”中获得强大的精神力量。马丁·路德说：“我今天要做的事情太多了，所以我要多花一个小时祷告。”有一种概念叫作“超觉静坐”，据说老僧“入定”的感觉，跟这个也差不多，通过将注意力从外部环境转向内部体验的仪式化练习，来改变意识的功能。

一般的催眠总和精神恍惚相连。古代的祭司可以通过暗示和单调刺激，诱导他人进入恍惚状态，有利于神的力量进入人体以驱邪。维也纳有一位很有名的神父麦克斯米伦·海尔，他可以用神力为信徒治病。在昏暗的教堂里，海尔神父身穿黑袍，口中念念有词，缓缓踱到患者面前，突然用闪亮的十字架触碰患者的前额并说：“现在，你将会死去，你的呼吸将会减慢，你的心跳也将会减慢；等一下我为你驱除魔鬼之后，你会复活，变得健康。”患者随着神父的指令倒在地上，身体僵直，仿佛真的死去一般。紧接着，神父开始作法，然后告诉患者：“现在，我已经用神力将附在你身上的魔鬼赶走，你醒来后将恢复健康。”患者随即醒来，身上的病痛也好转了。

麦斯麦（Franz Anton Mesmer，1734—1815）目睹了这个过程，觉得非常神奇，便开始进行这方面的研究。他非常博学，读过神学、法学、哲学和医学，并着迷于研究占星术，还在奥地利维也纳开了一家诊所，是一个医师。

麦斯麦结合占星术与宇宙磁流说对其进行了解释。他认为人的身体就像一个磁场，有许多看不见的磁流像行星那样分布，当磁流分布不均匀时，人就会生病，只有使身体的磁流重新恢复均匀，病情才会好转。之后，他修正自己的理论，提出“动物磁性说”，认为人体内有一种动物磁性流体，磁性流体分布不适当就会产生疾病。治疗者的手跟患者接触，使磁性流体流入患者体内，调整磁流，从而治疗疾病。

麦斯麦在诊所里举行降灵会，也就是扶乩、笔仙之类的东西。几个患者在昏暗的室内，围坐于一个大木桶周围，大木桶的桶盖上插着很多铁棒，患者手握铁棒或接触患部，静静等待。不久，屋里响起节奏缓慢的音乐，麦斯麦身着丝袍（巫师服饰），手持铁杖出现，来回穿梭于患者之间，以手或铁杖接触患者的身体。于是，患者开始出现各种不同的反应。通过这种方式，患者的治愈率非常高。

这种理论和实践明显是有问题的，所以虽然他治愈了很多人，但最后还是不免被打成了“伪科学”，在学术界人人喊打。

还有一种清醒催眠，和精神恍惚关系不大，人还有自由意志，清醒地自主按照他人的意志行动，比如广告。百事可乐总是给人一种很酷、很潮、很现代、很有动感的感觉。而可口可乐呢，则是很温馨、很有团聚感。这些东西没人告诉你，你也没有将其上升到意识层面，但是家里团聚的时候你就很少买百事可乐，进到超市里，手不自觉地就去拿可口可乐了。

在我们老家有一个风俗传统，如果一个小孩体弱多病，就算家长不信，也会给孩子找一个神仙做干爹，增加其存活率，每年还会给这个神仙过寿，大张旗鼓。这种迷信的风俗，一直到 20 世纪八九十年代还有。不可思议的是，在医疗条件不健全的情况下，这个风俗确实保住了很多小孩子。

小孩子很容易被催眠，当他被催眠到相信自己是神仙的孩子，那会是很强烈的自我暗示，这有助于其身体免疫力的提高和机能的保持（当然，代价是这个孩子以后会很迷信）。

集体催眠就更容易了，因为会传染，你一看旁边的人相信了，自己跟着也就相信了，这种传染是由不得你的。所以人越多，集体催眠越容易做成。不经过理智思考的东西，会直接进入潜意识，直接触动人格的底层，这就是催眠起作用的方式。

一般人所了解的催眠技术，往往只是一种反复暗示的简单的意志强化法，属于认知疗法范畴，根本不是催眠。

催眠的精髓，是仪式。从某种角度讲，清醒催眠就等于仪式。仪式可以直接触动潜意识本身，而无须经过理性的过滤。

仪式是通过特殊的器具、程序进行的行为，以可视、可触的实体作为介质，传递对虚拟精神感受的物化，企图在身外的世界和心中的世界之间建立联系。人通过仪式来寄托并获得自己拥有这些虚拟物的凭证，人们获得的确定掌控感，便是仪式感的最终目的和直接结果。

需要仪式的东西一般都是虚的，比如爱情、加入组织等，这些虚拟物是看不见、摸不着的，而人是生活在物质世界里的，所以人们需要实体的仪式，直抵精神内部，把心中的世界外化出来，把虚拟物视觉化，给精神一个载体，给心灵一个铭记的机会。仪式感给在场人士的信息是强烈的、可感知的、真实存在的。

比如结婚仪式，很多人不喜欢繁文缛节，觉得太场面化，太虚假，太程式化。但离婚后女人列举的丈夫的罪状中常有一个：“婚礼都没举行，我就跟了他了！”没举行婚礼和后来婚姻的不幸福，也许是因果关系。因为没有举行婚礼，所以婚姻脆弱。

婚礼的作用就是在特殊时刻于特殊场合，在特殊人群的见证下，通过庄重的仪式宣告两个新人和两个家庭的结合。如果太过随便，仪式没有完成，这个结合就是脆弱的。

1982 年，印度学者古普塔（U. Gupta）对斋浦尔市的 50 对夫妻进行调查后发现：自由恋爱结合的夫妻，5 年后感情就渐渐淡漠了；但是由父母之命结合的夫妻，感情会不断增加到和自由恋爱一样的高度。[①]

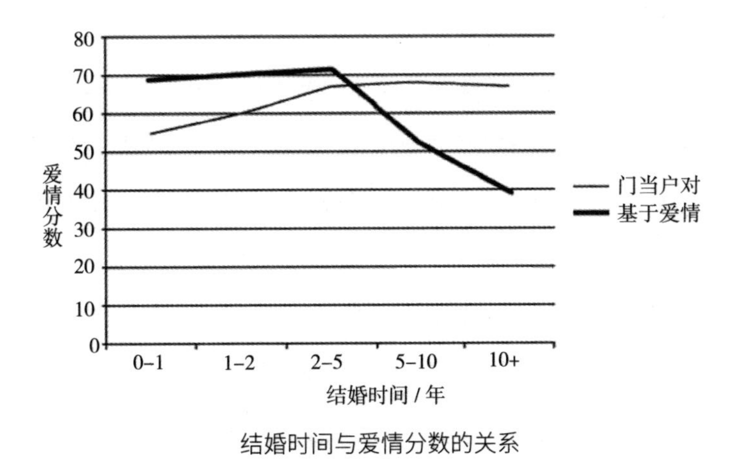

结婚时间与爱情分数的关系

① 可参照《国家职业资格培训教程·心理咨询师：基础知识》，民族出版社 2012 年出版。

仪式是清醒催眠的基础，这东西作用于动物层面的我，理性根本就控制不了。

斯金纳把鸽子放进箱子，箱子里有食物分发器，每隔 15 秒便自动放出一粒食丸，也就是说不管鸽子做什么，每隔 15 秒它们都能获得一份食物。之后，他让鸽子每天都在实验箱里待几分钟，对其行为也不做任何限制。最后斯金纳发现，鸽子在食物放出之前的时间里，会出现一些古怪的行为，并成为一种习惯固定下来。

有的鸽子会在箱子中逆时针转圈，有的鸽子反复地将头撞向箱子上方的一个角落，还有的鸽子的头和身体呈现出一种钟摆似的动作，它们头部前伸，并且大幅度地左右摇摆。鸽子表现得就像这些行为会带来食物一样。

随后，斯金纳选了一只摇头的鸽子继续实验。他把两次投放食丸的时间间隔慢慢增加到一分钟。这时，他发现这只鸽子表现得更加精力充沛。在两次强化间的一分钟内，这只鸽子竟像是在表演一种舞蹈。

最后，实验要消除鸽子的这种迷信行为，也就是撤掉食物。这样，迷信行为就会逐渐消退，直至完全消失。然而，让人惊奇的是，鸽子又跳了一万多次，这种行为才消退。

舞蹈虽然没有影响，但食丸对鸽子有反馈作用，偶然的强化使鸽子相信舞蹈是有用的，从而使这种迷信得以保持。

仪式说来说去，就是为了增加一些确定掌控感（基础安全感）。仪式肯定都是虚的，但价值也非常明显，它揭示了人的动物部分的运行规则，动物层面的我以此获得虚假的安全感，但安全的“感觉”是实打实的。这种掌控感虽然没有现实基础，但对个体来说绝对是真实的。

精致而规律的生活，需要用外在的东西来修饰，其实就是把生活变成一种仪式，增加基础安全感。腕表、项链、名牌包、高级化妆品等，就是仪式的介质。每天在固定的时间拿起自己偏爱的高级化妆品时，简直就像在朝拜一般。

缺乏反馈很难有实质性的结果

> 对成年人来讲，如果没有别人或外力的帮助，要改变几乎是不可能的。
>
> ——孙向东

从前有两个惺惺相惜的死敌，因观点相左经常互相攻击。一个是哈佛教授，另一个是心理医生。一天，哈佛教授邀请心理医生去学校做演讲，他看着心理医生在讲台上慷慨激昂地批判自己的理论，心生不忿。他给听众传了张字条，大意是说：他这么不喜欢我的理论，看着吧，我会用我的理论让他去砍人的。众人不服，打赌立约。

哈佛教授静坐在下面，一脸严肃，但是每当心理医生的手偶尔从身前向下划过时，哈佛教授就忽地笑逐颜开，一划过就笑给他看，一划过就笑给他看。渐渐地，这就变成了划—笑、划—笑、划—笑……到最后，你看吧，讲台上的心理医生的手势就变成了不断地砍、砍、砍……

这个哈佛教授叫斯金纳，是新行为主义教育的主要代表人物，这个心理医生叫罗杰斯，是人本主义心理学的开创者之一。这里重点说说斯金纳到底是怎么做到的，以及自我觉知、生活仪式化、集体活动的不足。

问：把一根胡萝卜挂在一头驴面前，它会不会一直往前跑？答：不会，绝对不会。因为没有反馈。

反馈即强化，强化可以形成条件反射。比如巴甫洛夫的狗，摇铃就给食物，摇铃就给食物，于是就会形成“铃声—唾液”的条件反射，食物就是强化。强化可以塑造一个人，这是不知不觉的、由不得你的过程。条件反射是低级神经系统的事，跟意识层面的关系不大，所以这种改变是不由自主的。

在生活中形成对高峰体验、心流体验的习惯，建立仪式化习惯、使生活精致起来，都需要一个反复强化的过程。没有强化，即使已经形成的行为也会消退。消退，就是通过反复地不给予强化，从而降低反应的强度。摇铃不给肉，摇铃不给肉，狗慢慢地就不流口水了。光给驴看和闻胡萝卜，久而久之，真送到嘴边，它也不见得有反应。不强化，任何习惯都难以形成。

生活仪式化可以增加一点点安全感，有些人自然而然习得后陷进去太深，就成了强迫症，所以精致生活也有它的弊端。

群体中的生活的确能暂时满足人对安全感的需要，但效果并不是根本的，不深刻，因为对在群体中寻求安全感的人来说，他们往往在寻找一种浅层的、随时可以分开的、不必彼此深交甚至不必知道对方姓名的伪连接。他们成为群体的一员而不是加入一个集体，从根本上还是抗拒连接的，所以形不成连接。

除了专业的知识，心理咨询最大的作用就是提供一个人，给你陪伴、关注和反馈。和弗洛伊德不同，罗杰斯特别强调培养强大的“自我”。弗洛伊德说人被“超我”“本我”决定，“自我”是假装的王者。罗杰斯说“自我”才是人格核心，陪伴、关注、反馈等可促进其成长。没有另外一个人在场，“自我”的成长几乎是不可能的。所以过去，这项工作长期都被巫师和方术师所代替，而且真的有效果。他们会让你感受到他们在努力地帮助你，带着情绪像模像样地关注你，及时给你反馈和强化[①]……这些都能起到很好的治疗作用。

要重塑人格，就需要有一定的时间和有效的反馈次数。

---

① 而且巫师比咨询师还有优势，因为他们通常会落实在恐惧的情绪上。效果最好的最后都会落实到恐惧上，但恐惧情绪会有很多副作用，是咨询师所不能用的。

每个咨询师也都需要他人的反馈来完成自己的人格重建。他们只是在理性上多一些知识，动物层面的“我”和正常人没什么区别，所以他们都有自己的督导老师，需要督导的反馈来完善自己的人格，形成新的精神习惯。督导会成为父亲一样的存在，在他们需要反馈的时候给他们反馈或指导，完成强化过程。

还有很多人通过拜师学艺，比如学习相声、读研究生、学中医，获得可以给自己反馈的前辈，从而获得重建人格的机会。

其实，我们通过自己的力量，在没有反馈的情况下，真的很难做出任何改变。我们终其一生都在寻找一个可以给自己反馈的人，除了主动找到咨询师的，很多自愈的人都是在无意中找到了合适的人，成为他们精神上的存在，并给他们正确的反馈，开启一个自循环的过程，从而改变人生道路。有时候我们自己也会成为这个给予正确反馈的人，成为别人安全感的载体。

在强化的过程中，容易犯的错误是你会强化自己不需要的部分，关注点（points of focus）是错的。一般来说，你强化什么就得到什么，你现有的一切都是强化的结果。人会有各种不好的习惯，都是常年反馈的结果。反馈就是奖励，奖励产生愉悦，愉悦就是强化，所以坏习惯根深蒂固。孩子调皮捣蛋，就是为了让你理他，给他反馈，所以越打他就越调皮捣蛋；你不理他，他慢慢就不调皮捣蛋了，因为没有反馈和强化。

所以，个人进行的疗愈努力，比如做大量的所谓“精神功课”，其实效果和努力是不成正比的。疗愈的自行完成往往是一个顺便的事情、一个派生的事情，当你孜孜以求，结果就已经注定了，几乎一无所获。

我说人需要另外一个人给他正确的反馈，才能重塑人格，有的读者会问：有没有自我反馈、自我强化、内在强化这些东西？有啊，但是一般情况下这些反馈会向负面进发，加重而不是减缓既有的问题。这个话题说起来很绕，我们简单举几个例子就好了。

人一吸烟就放松，一吸烟就放松，动物我获得三五次强化即可养成习惯。发牢骚也经过反馈而得到强化，牢骚发过之后，事情就算没有什么变化，起码心情会好一点点。不幸的人会沉浸在自己的不幸中，因为他每次受伤都给自己一个反馈：我真不幸。这种自怜快感（对堕落过程的掌控感，基础安全感的一种）就是强化。拖延症患者会沉溺在舒服的幻想之中，按照强化理论，这并不是人在自动回避自己觉得不高兴、不舒服、很困难的事情，而是动物层面的“我”在寻求拖延中自带的快感。一个自循环过程就此开启。

04

断裂的修复≈第二次出生

你这一生总要允许自己遇到一个人，他打破你的原则，改变你的习惯，成为你的例外。

——匿名

孤独的反义词是连接

从来没有为另一个人开心或痛苦到流泪的体验的人生是不完整的。我从来没有过。我是不完整的。我知道，但我也没有什么办法。

——雅彤

无可否认，孤独是一种能力。叔本华说："要么孤独，要么庸俗。"弗洛伊德理解独立是"活着的必要条件"。凡是有生命的有机体，保护自己免受外在刺激的骚扰，是一个比接收外在刺激更加重要的任务。拥有孤独的能力，说明我们不靠外界供给，自给自足，独立完整。

但是"孤独的能力"有时候会变成一个自我说服的借口，说服自己并不空虚、寂寞、冷，"我享受孤独"，"我不需要男人"，"孤独是一种能力，我有"……

但冷酷的事实是，凡是能力，都是人拥有但不必随时动用的东西，就像你有钱，不说明你需要时时刻刻花钱。一个人"总是"需要动用孤独的能力，那就说明他没有这种能力，只是在冰冷地拒绝和否认自己真正的感受。

这种孤独的能力，只是假装的。他们对自己虚伪，面对自己都不真实，歪曲自己真正的感受，接受不了内在的孤独感，才会声称自己有孤独的能力。没什么就炫什么，炫什么就缺什么，这是很浅显的道理。"秀恩爱死得快"，秀着秀着就分手了。

真正的孤独能力，来自精神连接的饱足（fully bonded）。它说明你在物理时空上孤独，但精神上没有丧失感。

连接，就是你有动情的人，且他们对你的反馈是对的，你在秘密花园中已经刻好了这些对的人的形象，无须他们物理上的在场仍可感受到他们的存在。只有当我们和重要他人建立连接，而不是和他们疏远，才能获得情绪上的稳定感和情感上的安全感。这才是孤独的能力。

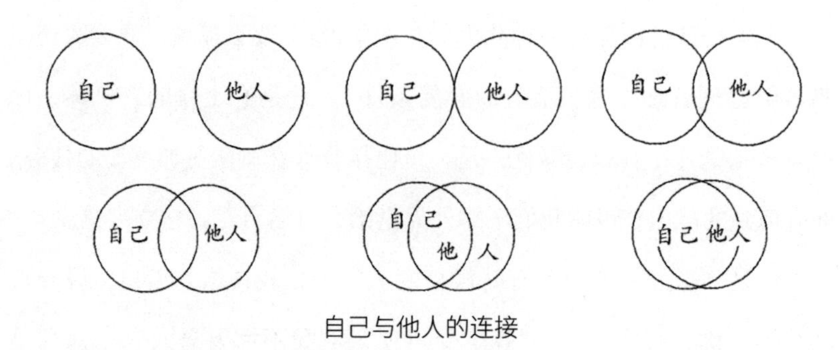

自己与他人的连接

有个新学科称为“关系神经科学”（relational neuroscience），它说我们的大脑和身体里有几条神经电缆，负责我们和他人之间的情感连接，连接会让它们愉悦，不连接则让它们焦虑。当我们和重要他人割裂开来，这几个神经通道就会隐隐作痛，大量神经冲动不正常地释放，不仅会导致难以控制的怒火（无论发出来的火还是憋着的）、抑郁，还会导致各种瘾症和慢性躯体疾病。

很多人第一次听说连接的重要性，是在 1999 年。意大利帕尔马大学的一个研究表明：我们彼此之间的连接深入神经纤维和脑细胞。神经生理学家贾科莫·里佐拉蒂带领他的研究团队做的这个实验，现在人人皆知，但当时他们并不是在研究人，而是在研究猕猴。他们研究的是猕猴大脑中一个很小的区域，一个掌管运动的脑区。当猴子伸手去拿东西时，该脑区的细胞就会放电，植入的微型电极就会有显示。

一天，研究员发现一个奇怪的现象。他在观察猴子，而猴子也在望着他。他伸出手去抓东西，电极激活了。

不对啊，该脑区本来是猴子自己抓东西时才会放电的，但猴子没有动“自己”的胳膊，它只是看到了“研究员”的胳膊在动。

好像挺神奇。科学家相信脑区有分野，有些管运动，有些管视觉，两个脑区不是一类，不在一起。视觉脑区负责从外界接收信息，运动脑区则只负责行动。所以当运动脑区激活，只是因为猴子看到了别人在动，这显然就否定了这种分野。仿佛猴子的大脑和研究员的大脑产生了共鸣，好像人和猴子交织在了一起，研究员就是猴子，猴子就是研究员。

他们继续研究这个奇怪的现象，发现不仅仅猴子的大脑，人的大脑里也有这种效果，并称其为“镜像效果”（mirroring effect）。换句话说，你看到我做了一个动作，就会像镜子一样在内部模仿我的动作，感受我的感受，所以你理解我。

猕猴实验后，他们提出假说：人类大脑里存在一种“镜像神经元”（mirror neuron），专门负责把别人当成自己。现在，大多数科学家不再认为这种细胞存在于特定的区域，它们存在于无数脑区，成为一个系统，共同起作用。

我们会在内部模仿，因为整个大脑都在复制看到的和听到的一切信息。看到别人的头磕在门上，你自己负责躯体感觉的脑区也会激活，并释放信号：撞上了，好疼。在你深深的大脑内部，你的头真的磕在了门上。

镜像系统是自动运作的，我们不必去思考别人在做什么或感觉如何，就能感受到。马可·亚科博尼（Marco Iacoboni）是美国加利福尼尼亚大学洛杉矶分校的精神病学与生物行为科学教授，在《人的观照》

（*Mirroring People*）中更进一步，他说：镜像系统帮助我们“理解我们存在的环境，理解我们和别人的连接。它告诉我们，我们并不是一个人，我们在生理上（请注意‘生理上’这个词）是相连的。我们在进化中得到的身体，和彼此深深地连接在一起”。

太过独立的人就已经不太健康了，因为人类的神经系统就是这么设计的，我们在“生理上”相连，所以寂寞的人一般身体状况会不太好，因为他们生理上也是不健全的，并非只是精神上。我们天生需要和人建立连接，互相动情，互相关爱，这样生理机能才能正常运转。这是大脑机器的一部分，缺了就不能正常运转了。

我们该如何和他人建立连接，拥有孤独的能力呢？这不是两个问题，而是一个问题。当我们和配偶、父母、子女、兄弟姐妹、亲戚朋友保持温暖、安全的连接时，我们的神经通路就会受到适宜的刺激，使我们的大脑变得冷静、容忍、健康、体谅，我们就有能力去应对空间意义上的孤独，因为我们在精神和生理上都不寂寞。

这样的连接，会连接着我们和重要他人，于是当我们连接饱足，即使他们不在，也不会影响我们的安全感，因为他们已经在我们的内心占据了相应的位置，不会因物理和地理上的不在场而减损太多。

总有些人感觉不到这种温暖或安全，这些神经通路因长期缺乏适宜刺激所以弱化了，甚至濒临崩溃。这时会出现一个死循环：缺乏连接，感觉不到安全；感觉不到安全，所以拒绝连接；拒绝连接，拒绝被疗愈，则反过来更剥夺了安全感。一旦抗拒亲密关系、恐惧结婚、恐惧拥抱，人就很难再自己跳出来了。

连接的饱足即孤独的能力，孤独的能力即忍受暂时分离的能力。社会心理学把人放入社会关系中去定义，而不是把人看作一个独立的人格体系。人是社会性动物，我们的社会脑里都住着重要他人，他们组成了“我”。和重要他人的连接，决定我们孤独的能力。

人不是通过分离获得孤独的能力的，孤独的能力只是忍受暂时分离的能力，物理上的暂时缺席说明精神上的持久在场。

人会爬、会走后，慢慢尝试从母亲身边离开。因为他已经和母亲建立了精神连接，所以有能力去探索非我世界，有能力整合和建立更多的连接。而后他会暂时退回来，继续享受和母亲的亲昵。他不是在试图培养脱离母亲的能力，相反，他已经在心里存下母亲的存在，就可以带着作为精神存在的母亲到处去冒险，而不会感到不安全了。这是人的第一次连接，之后所有的连接都取决于这次连接的质量，都是这次连接的翻版。

无论如何都想不起来的东西，才是安全感的基础，那些稍加努力就能进入意识层面的，从来都不是重要的、根本的东西。

动情就是人格的熔化

和一个人在一起，如果他给你的能量能让你每天一睁眼就能

> 高兴地起床，每天一合眼，就能安心地入睡，做每一件事都充满了动力，对未来满怀期待，那就说明你动情了，你允许自己被他影响和牵绊，你开始把他内化进自己的人格，你在成长。
>
> ——孙向东

禅宗讲修行，说有三个境界。第一境界，见山是山，见水是水；第二境界，见山不是山，见水不是水；第三境界，见山又是山，见水又是水。

咨询方式也有三个不同的档次。最低级的就是把咨询当作教育、“掰”，用冷静、理性的方式，试图把自己的价值观灌输给案主，启发、引导案主采用自我约束法，要求案主拥有另一套生活态度和生活方式。

“掰”是最没有效果的，就像掰一棵小树的生长方向，要么暂时有效，很快弹回，要么劲使大了，就把小树给掰断了。

为什么会这样呢？人都有自我统一的本能，保护自己的完整和自我价值感。硬“掰”很容易激活自我价值的保护机制。自我价值感是个体对自身价值的意识和评价，通过他人的评价而确立，所以个体对他人的评价极其敏感。自我价值的保护原则，指人为了保护自我价值、自我支持，心理活动的各个方面都尽力防止自我价值遭到贬低或否定。

为了保护自我的完整性，人对肯定自我价值的他人，就予以接纳，而对否定自我价值的他人则予以条件反射式的拒绝。他们拒绝认识自己的缺点、情绪，即使他们知道那些也许正是自己的问题所在。只有他们知道，不良认知习惯是在保护他们，虽然是伪保护，但它们维持着一种平衡，不至于让心理结构失衡或瓦解。心理结构失衡的后果是任何人都无法承受的，所以，他们拒绝被灌输和改变，只是在拒绝被打破平衡而不至于失控。

中级的是只肯定该肯定的，不否定、厌烦或批评该否定的，也就是只标定案主的优点，从而赐予其力量，使其自己解决问题。咨询师要理解、包容、尊重，不把自己的价值观、生活方式强加给案主。不管案主的行为多么荒唐、情绪反应多么不合理、思想多么怪诞畸形，咨询师都要表示理解。咨询师只是陪伴，只是返照，只是给案主提供一面镜子，让他感受到自己的存在、问题以及改变的力量。这称为“共情”（详见 211 页的 c 环节）。

最高级的是“移情”。如果共情不管用，才采用移情，移情是共情的下一阶段，是对爱情 / 亲情的拟态，咨询师成为案主的重要他人的代替品。移情有时是一种阻抗，会耽误治疗，有时是一种疗愈方式，几乎是一颗万灵丹加一把双刃剑，需要极高的功底才能操作，否则往往弄巧成拙。

人本主义的罗杰斯最善于使用移情的手段。他也使用精神分析的术语，但反对弗洛伊德对“移情”价值的蔑视，反对弗洛伊德对“自我”的贬低。

弗洛伊德认为“移情”是“阻抗”的一种，还认为人是超我和本我决定的，自我只是个假装的王者。罗杰斯则特别强调“自我”的作用，他认为，所有问题都是因为自我没有发展起来，人不尊重自己，拒绝自己，所以没成为自己。咨询的目标只有一个，那就是让“自我”强大起来。而让“自我”重新强大起来，莫过于“移情”。

咨询一两个小时，罗杰斯也说不了几句话，他更像一个听众，不仅通过点头和皱眉等动作回应案主的情绪，还真的感同身受，模拟合格父母的样子。移情的结果是让案主爱上自己，把自己当作重要他人（挠他脚心都不痒的人），动情，熔化人格，从而得到重塑的机会。

这个过程一般可分为六个阶段（喜欢—认同—移情—倒退—整合—转移）。

a. 案主喜欢上咨询师。

这就像情人之间的一见钟情，如果第一眼不喜欢，剩下的工作就事倍功半了。

b. 案主试探咨询师，看自己是否可以安全地认同他，也就是是否可以熔化自己而不受到伤害。

案主要先认同咨询师本人，案主的人格才有机会熔化，然后才有重塑的可能。案主一生都在寻找这样一个机会。但人格不是冰棍，说化就化了。你愿意对着一个陌生人揭开自己最隐私（甚至无法觉察）的痛处吗？人格的熔化是一件很痛苦的事情，所以试探得再充分也不为过，会分很多步，步步升级。

要动精神手术，就要面对自己不愿直面的伤痛，还要揭开它，把刀子伸进去改造其结构，那是何等痛苦啊！这还要在另一个人在场的情况下进行，而且谁知道割开了能不能缝好啊，而且心理咨询中没有麻醉药，还得由案主自己来做……要剖开人格，就得直面焦虑的根源，这便意味着要面对自己的脆弱性，所以会引发个体的深层焦虑。

咨询师要勾动案主的心弦，赋予其忍痛的能力，就要获得认同和信任。要得到认同和信任，建立和平安全的气氛，让案主自己剖开人格，并去动里面的精神结构，需要咨询师“绝对接纳”，来模拟合格父母的反应，应对他步步升级的试探。

咨询师对案主的接纳，不是接受案主积极、光明的一面，而是要接纳其消极、灰暗的一面，即接纳案主非正常的一面，咨询师、普通人甚至案主本人厌恶、反对的一面。咨询师要相信，这些貌似消极、灰暗、非正常的一面，都有深层原因，不是表面看起来那么简单。咨询室就像一个电影院，只要有票，任何人都可以进去看电影，允许持票人进入影院就是对持票人的接纳，不管他道德品质如何、财富如何、婚姻关系如何、文化程度如何、年龄如何。咨询师没有喜欢、厌恶等情绪，没有欣赏、仇恨等态度差别。

咨询师要接纳他手淫的习惯，接纳他的盗窃癖，接纳他的酗酒动机……面对爱家庭同时有婚外情所以痛苦的案主，咨询师母亲（或咨询师父亲）需要完全摒弃自己的反感，去接纳、理解、尊重，接纳他婚外情的冲动，理解他为什么会喜欢婚外情，尊重他。当案主感觉到，“婚外情”没关系，它是有深层原因的，改变和不改变都是可以的，那个喜欢婚外情的自己被人接纳了，案主才会感到安全和温暖，才会认同和信任咨询师，才有力量去审视自己的问题，才会开始探索自己会这样的深层的、未知的原因，（“父亲抛弃了母亲和我，当时的感觉是很疼的，所以我一直想证明，其实没有人需要稳定的家庭关系。这样，我就不会感到疼了。我似乎一直试图证明这一点，而我自己好像一直没察觉到……”）并有了重塑的机会。

一个爱学习的咨询师，不可以批评一个调皮捣蛋的学生。只有当学生知道自己不学习也被接纳，也被包容的时候，他才有了选择的自由，有了自我掌控的感觉（基础安全感），开始在这种自我掌控能力的前提下熔化，重新塑造自己的人格模型。

咨询师尤其要接纳案主惧怕面对的所谓“丑陋”部分，要完全接受，完全容忍，完全理解。不管案主的情绪和行为如何荒唐，如何不可理喻，咨询师都要理解和接受它们，尊重案主的伤痛、缺点和坏脾气，认同他作为一个人的存在，在价值、尊严、人格等方面与咨询师平等。每个案主都是有思想感情、内心体验、生活追求，有独特性和自主性的活生生的人。

这就是前面说的“共情”。咨询师会变成一个知音，虽然不一定会和案主共弹一曲，但是能欣赏他独有的杂乱曲调中一般人无法察觉的美，欣赏杂乱中的逻辑。只有这样才能获得认同和信任。

c. 案主把对亲人的“情”转“移”到咨询师身上（移情），爱上他，把他当作重要他人，允许他成为自己人格的一部分，对自己的人格进行搅动。

案主如果认同了咨询师就会动情，把咨询师当作情人、父母，至少是大哥哥、大姐姐。动情是人格的熔化状态，两个人有心灵意义上的接触。任何一次熔化都是扰动其人格结构的机会。但在另一方面，允许自己被扰动时，案主是最脆弱的，他陷入一个完全被动无助的状态，所以这个状态是危险的。

动情状态是一把双刃剑，是疗愈的机会，也是最软弱的状态，不被保护，完全被动，所以疗愈总是和危险的可能性共存。

d. 人格熔化后，虚假的自我价值感瞬间崩塌，旧伤开始重新淌血。案主作为成年人的心理平衡会被打破，回到曾经的不平衡阶段。无意识中那些被掩盖、否认、压抑的问题会自动浮出意识层面。

案主会倒退到心理固着期，变回一个茫然、受挫的小孩子，开始搜寻自己为什么会不开心。这就是重建早期记忆的治疗过程，咨询师把案主拉回到过去，一步步成长到现在。

案主会倒退到小时候去，在熔化状态下找寻那些坚硬的东西，也就是自己不安的根源。最多的原因可能是冷漠、情感压迫或当自己做了一件本无所谓的“错事”时，没有得到父母的正确反馈。那些事现在看来都是极小甚至令人不屑一顾的问题，但对当时的那个小孩子来说则是“天都塌了”（如果一直压在潜意识中，没被觉察到，他就会用一生去证明：小孩子应当/不应当……把这份创伤传递给子代）。他会重新体验当时被拒绝、被否定的痛苦。

不平衡发生时，情绪是焦虑的、痛苦的，甚至是无助的、绝望的。案主回归失衡的状态，允许自己再次体验失衡的痛苦。

咨询师必须接受这个伤口，并认为它并不令人难堪，可以接受它。

然后，案主会指着这个伤口，承认它的存在，莫名其妙地流泪，甚至攻击咨询师母亲（或咨询师父亲），这就是手术过程。

咨询师必须做合格的父母该做的事情，无条件地包容案主的负面情绪，感受他的痛苦和委屈，承受这些攻击，给他抚慰。

咨询师不仅要无条件地接受案主的一切，尤其是他扭曲的认知、偏激的行为、消极的负面情绪、美丑不定的面貌，还要放弃任何批评、排斥、贬低，否则后果就会是灾难性的，因为此时的案主极其敏感和脆弱。

咨询师需要极大的耐心，把自己变成一个垃圾桶，让对方宣泄，直到在不知不觉中耗光了这个伤口携带的所有负能量。

e. 案主感到自己的缺点被包容，感受到自己的情绪、情结消失，于是有了力量诱发自我重新生长。

人性会见的整合阶段，就是给案主提供一个模型，一个可以给他参考的模型。案主在熔化状态中，需要在自己的身体以外找到一个完整的形象，然后按照这个完整的形象，把自己刚刚熔化的人格重新塑形。所以，案主康复后，言行举止一般都会略带上咨询师的影子。

f. 案主对咨询师的情感开始转移到正常的其他人身上。

这个过程不见得是必需的。如果移情是案主把咨询师当成了恋人、父母，那肯定需要转移，如果移情成了大哥哥、大姐姐，那就不需要转移了。

当然，如果只移情成了大哥哥、大姐姐，可能说明效果也许还不够好，不够深，不够彻底。

对人际关系的考验存在于亲密关系之中

一个人在追求期、追到手后，结婚前、结婚后，对朋友、对家人……可能完全判若两人。这些人会高估亲密的人，认为他们像咨询师一样有能力、技术、耐心，给他们套上一份无力承担的责任，从而把亲密关系搞得乌烟瘴气、支离破碎。

——孙向东

要修复安全感，就必须接续新的连接，必须把另一个重要他人纳入自己的人格，但这不是说说就能做到的，需要面临很大的挑战。

上面说了在咨询室里的治疗过程，但是不进咨询室的人也终其一生都在寻求疗愈的可能，但是你也知道，这是个艰难、漫长的过程。

失恋、结婚、生子是我们自动重获连接仅有的三次机会。要续新连接，对二三十岁的年轻人来说，先是谈恋爱并失恋。恋爱是自我疗愈的尝试，前几次通常都会以灾难收场，平均 8 次之后才能找到正确的人。但是前 7 次是必须的，因为它们具有强大的疗愈功能。

这个过程是痛苦的，我说的不是恋爱，而是对别人动情并失恋。或许动情时未觉察的痛苦，注定一份恋情的必然终结。如前所述，6 个月的婴儿经历了精神上的第一次分裂，他 / 她意识到自己不等于母亲，所以痛苦。生命中随之而来的所有分离，都是这次分裂的变体，充满了焦虑。但另一方面，要回归子宫也是令人恐惧的，因为那意味着倒退和死亡。所以，精神上的融合也让人痛苦、抗拒。人的一生都在和两种不安全感进行斗争：分离焦虑和融合恐惧。

从男孩到男人，就是撕裂和母亲的关系，并和妻子在精神上融为一体。这是同时面对分离和融合，两份痛苦叠加，会让人无所适从。对于女人，接受一个男人，就是要把父亲从恋人的位置上赶走，把另一个男人安在那里。这种转变是更加痛苦、焦虑的，这相当于“抛弃”了父亲——自己的第一个情人。自此，女人的负罪感一直萦绕心头，久久不散。

每一个重要他人的诞生都会让人面临人生中一次巨大的转变，总是让人悲喜交加。爱上一个人，恐惧和焦虑会叠加。所以获得重要他人的结果虽然美好，但过程是痛苦的，无意识中会泛出寒意。

这还是说成长环境比较好、不缺乏安全感的人。安全感不够的人，就会直接逃避融合的恐惧。想一想融合的剧痛，情绪一下子就会跌到冰点。他们会告诉自己：我不喜欢恋爱，我是独身主义者，我是同性恋，我是无性恋……总之，我就是觉得不舒服了，我要逃，我要拒绝。否认自己的生理性别，有时候只是一种托词和借口。其他的说辞还包括“我怕迷失自我”“我怕失去自由”等。①

如果有什么机会可以自然而然地恢复安全感，那就是不断地谈恋爱，爱过，然后失恋，再爱过，然后再失恋。每一次失恋都会让人格经历一次震荡和调整，疗愈是迟早的事。不经历多次刻骨铭心的失恋，仅凭自己的力量，人是无法变得完整的。

失恋的故事情节一般都差不多，都是一开始两个人很好，过段时间就不好了，当男朋友 / 女朋友从朋友变成“重要他人”，这个男人 / 女人就开始变成父亲 / 母亲的代替品。她 / 他需要能像合格的父母一样的人来疗愈自己，并一次次以失败告终，每一次都得到一点点成长，并最终获得完整的人格。

恋爱就是动情，就是允许他 / 她成为重要他人，住进自己的心里，而自己的人格开始熔化，企图获得重塑和新生。但前几次尝试一般都会失败，因为“新生”这种事，可不是那么容易就能做到的，人格重

---

① 关于大脑善编故事的本领，详见第 3 章第 5 节。

塑不是捏面人，等一会儿就好。前几次失败是人恢复安全感所必须经历的过程。

有一些恐惧亲密关系的人，接受了理性上的规劝，开始“恋爱”。但即使进入了这种关系，他们也是身心分离的。换句话说，身体进入了，但精神还在外面冷眼旁观。不动情那都不叫恋爱，顶多叫机械爱情，不恋爱就没法失恋，疗愈效果非常差。

只有动情的亲密关系才是疗愈的，能够让人恢复安全感，但当有了这样的机会，人们却会恐惧并轻易地放弃。这无论如何都不能不算一种悲哀，我觉得重要的事情多重复几遍也不为过：让人恢复安全感的是动情—失恋、再动情—再失恋这个过程。

女孩前几次找男朋友，其实是在找个“三位一体”，也就是他同时需要是她的老爸、男朋友和孩子。老爸负责给钱，无条件爱她；男朋友负责满足别的方面；孩子负责满足她的母性大爆发。这说明这个女孩其实不是在扮演“女朋友”这一个角色，而是三个角色，依次是女儿、女朋友和母亲。这是正常的，然而也必然导致此次恋爱的终结。

她会闪回到小时候，不自觉地去试图寻回曾经消失的那份关爱。她需要自己喜欢的人接受自己的缺点，然后自己才能接受自己，像要求咨询师一样要求男朋友。她试图把埋下的被父亲拒绝、否定的情绪，在这份关系中复演一次，这样会导致灾难和成长，因为男朋友会对自己要扮演的这三重角色感到困惑和无力招架。

角色混乱，说明缺乏安全感，还需要此次失恋来疗愈。

缺乏安全感的爱情，总是惊天动地、刻骨铭心的，同时也是深度疗愈的。缺乏安全感的婚姻，则是灾难现场。如果她没在前几次失恋中完成修复就进入了婚姻，那她在婚姻中扮演的主要角色就仍然是女儿。这可就麻烦了，她们所追求的隽永感情，最后都变成了以爱的名义进行折磨。

恋爱中，女孩 / 男孩都认为对方有义务把自己当女儿 / 儿子一样宠，对方也这样认为。但是没有几个丈夫 / 妻子会拥有像咨询师一样的耐心、技术和时间，也没有能力。于是前几次恋爱中的情人关系一定是脆弱的，也一定是最深刻的，因为男朋友 / 女朋友和父亲 / 母亲融为一体。于是她 / 他的人格一次次熔化并一次次地以灾难收场，每次都会获得一点点成长，并最终领悟父亲 / 母亲和男友 / 女友是两种不同的人，准备好接受婚姻的状态，进一步完善自己的人格。

和母亲 / 父亲的断裂，如果没有在恋爱、失恋中修复就步入了婚姻生活，最终会忘了自己想要什么。他们需要的是人格完整时的安全感，一旦结婚，治愈的大门就已经关闭（再次开启要等到家里添新生命）。于是，精神上还没成熟的人进入婚姻殿堂后，焦虑的情绪就会变得激烈，并把这些不安投射给配偶，于是家庭气氛会变得猜忌、不安、对抗……男人一般开始索要无限制的放纵和绝对的权力，女人则开始索要机械的、完全的付出，也就是前面说的情感勒索。他们压抑的焦虑，甚至会包含复仇的冲动，意图象征性地获得胜利，把家庭当成争夺权力的战场。

这样的夫妻双方在一起常常不是动情的，而是动权的。他们往往都想改造对方，对对方的罪状如数家珍，证明对方的错误，不断重复以达到改造对方的目的；或者玩弄手段，控制对方，维持自己的地位，一定要遂了自己的心愿才行。

但在外面他们可能是完全不同的人，那些非重要他人完全无法勾起他们的复仇欲望，所有的不安全感只有投射给亲密的人才有感觉。

如果有一方或双方把不安带到了婚姻中，但婚姻又不至于破裂，那该怎么处理呢？据说有个美国警察抓到两个犯罪嫌疑人，不敢打他们，就用手铐各铐他们一只胳膊，让他们互打。刚开始两人还有一种默契，我不打疼你，你也不打疼我。但在这个过程中，其中一个总能在某一次感觉到你打我的这一下比我刚打你的那一下更重。这么一想，下手就重了，于是对方拳头的力量也开始升级，最后变成轮番升级的互相攻击。

如果谈到爱，那是个关于输的艺术，如果任何一个人想赢，那两个人就都已经输了。我知道羽毛球、网球之类的都是竞争性项目，但是你还记得小时候怎么打羽毛球吗？我们要尽量让对方接住，这样对方才能打回来，游戏才能继续。如果对方没接住，受累捡球的是对方，但同时游戏也中止了。婚姻也是这样，是一个貌似竞争的项目，实际上它是一个互相认输的游戏。双方为了愉悦地玩耍下去，就要遵守游戏的规则：让对方接住球，让游戏继续。

孩子是家里最具有疗愈价值的一个人，也是最早的第三者。当家庭里突然添了个孩子之后，家庭的幸福指数是直线下滑的。如前所述，面对新的重要他人，人总是悲喜交加的。

每个人心里都有个没长大的小孩，早期经历过创伤、痛苦和恐惧的人，还经常在成人和孩子之间互换角色。孩子出生后，第一个嫉妒的人是丈夫，不管出生的是女儿还是儿子。本来丈夫享有妻子全然的关注，在他的眼里她曾经是驱赶走了母亲、代替母亲位置的人。“现在，她开始不再有那么多精力理我”，当初和母亲分离的那种焦虑会再次降临。丈夫和孩子之间开始争夺妻子（母亲）的关注，丈夫感觉被忽视了，这种忽视会和曾经与母亲的分离相连接，放大当下的痛苦。但对这份痛苦，他是没有觉知的。这是丈夫要面临的危机。这份说不清、道不明甚至没有觉知的不安可以由他自己消化掉，如果消化不掉，引入家庭生活，就是家庭的另一场灾难。家里有了孩子之后一年内离婚的中国夫妻不在少数。

生孩子对妻子来说是痛苦的，结果是疗愈的。这时，她的两个重要他人都需要自己，精神需要有了饱足的机会。但是生理和社会的变故会让女人经历产后抑郁，容易累、发困，想照顾孩子又不太有经验，看着孩子哭得稀里哗啦心都碎了，可是不知道该怎么安慰……所以妻子心情低落，容易哭泣。

如果家庭中的安全感不够，这个孩子——作为家里最弱小的个体，很有可能会成为不安全感的集散地，也就是家族祭品的角色，所有的负能量都开始向他/她聚集起来，压迫他/她的人格，剥夺他/她的安全感。

如果有了第二胎会怎么样？第二胎会不会分担第一胎作为祭品的角色呢？不会[①]。父母生第二胎后，精神一般就疗愈好了（新添重要他人是疗愈的），即使疗愈不好，也不会像伤害第一个孩子那么深。

这时候，小孩子是新宠，大孩子被忽视了。本来就不够的关爱，这时候就更少了，他 / 她的人格会遭到进一步的压迫。

而且，他 / 她会开始分裂。嫉妒感会指向小孩子，但他 / 她又爱这个小孩子，所以从第二个孩子出生，大孩子就开始了这种分裂。于是，这个四人家庭中，三份苦难都加在了头生子 / 女身上。弗洛伊德有了一个弟弟后很嫉妒他，想咒他死，但是当弟弟真的死了，他又非常自责，仿佛真的是自己咒死了弟弟。这种内疚感持续了一生，他一辈子都在和这种内疚感做斗争。

如果一个四口之家有任何不安全感，最后都会由这个头生子 / 女来承担。如果这个四口之家的父母最后还离婚了，那么这个头生子 / 女心理出问题的概率就会很高。

如果头胎是女儿，生病几乎是 100% 的。女孩爱弟弟，会胜过男孩爱妹妹，她恨她的弟弟，但又如此爱他，母性的本能和争夺关注的本能互相冲突，从小就种下了分裂的病根，即使父母没有离婚，她不生病的可能性也几乎为零。

---

① 当然，在一些重男轻女倾向比较严重的家庭，二胎的女儿也可能出问题。

05

集体中的安全感

前面说过，这一代人的精神生长期正赶上改革开放后的经济爆发阶段，父母更多地关注财富的增长而忽略了子代精神的培养，于是这一代人成了孤岛，前后不接，精神上成了断代。但是情感勒索的母亲、缺席的父亲、竞争的父母并不只是这一代才有的，为什么这代人就受不了呢？另一个社会现实是农村在消失，而城市里没有家族和部落的概念。

我们父辈的安全感还来自对家族的归属感。亲戚是可以很疗愈的人际关系，我们走过几段道路，跨过几条巷子，来到一扇门前，按下门铃，房门打开，看到一张张熟悉的脸。这里有最亲切的慰问，还有最丰盛的食物，然后是闲聊家常，没有任何约束，没有任何功利性，我们只是闲聊……城市里，同族、亲戚这些概念则淡了很多。

农耕社会的基础单元不是家庭，而是村庄。部落里有天然的安全感，城市里就不行。在原始部落或者村落里，会有150个人左右共同守着一份安全感，孩子可以随便跑，可以夜不闭户，城市里就不行。

> 人类学家邓巴以人类的社会脑容量为研究对象，认为正常的人类种群，人数上限为150人，人类的社会团体大小——从狩猎采集社会到现代军事部队，再到公司的管理部门——都差不多是150个人。如果种群人数超过150个，就会开始分裂。

对这种集体生活的模拟，似乎只有学校、教堂和俱乐部中的生活了，这里的氛围放松、平等，互相尊重，有最原始的安全感。我们身处一个集体之中，有一群志同道合的朋友，在这里有纯自然的快感。所以上学有时候是一种瘾，学校里的生活可以重塑一次人格。

集体生活中还会有很多偶然的肢体碰撞的感知，是母亲抚触的模拟。对一个不安的人来说，另外一个个体对自己身体的触碰是最具威胁性的，可能会让人汗毛竖起，但人又需要触觉的温柔感知才能恢复安全感。集体生活避免了威胁性，又暂时满足了需要。

另一个现实是从那时起，开始了计划生育。以前孩子多，多多益善，每家十几个孩子。他们知道自己属于哪里，排行第几，还有一群小伙伴，大家在一起玩耍。从父母那里得不到的，就从兄弟姐妹和伙伴那里得到，从每人那里得到一点点就够了。所以，他们并不缺安全感。现在没有那么多孩子，最多两个，所以和小伙伴一起玩耍的机会越来越少。如果又是跟着祖父母或外祖父母生活的，不仅亲子之间的连接普遍比较淡漠，和人玩耍的机会也更少了。没有四五个兄弟姐妹，没有一群光屁股一起长大的小伙伴，归属无依就成了一种必然。

最后，现代通信设备比以前发达多了，使交流变得轻而易举，所以情感交流和信息交流断裂开来。家人总还是要见面一起劳动一下才好，这对情感的维持是非常重要的。相伴的时间越来越少，远远不能满足情感维系的需要，终究要面对惩罚。

归属是连接的聚集地。那个时候，那个地方，有那么一群人可以遇到，一起劳动，一起玩耍。这就是归属感，是人际安全感的浓缩和集中。

06

生理能量池 vs 心理能量场

大多数人的安全感问题最后都能够自愈，只是时间早晚的问题。群体中共同的劳动或玩耍体验，是他们迟早要找到的解药。

——孙向东

精神能量的生理基础

如前所述，自我觉知、清醒催眠有诸多局限。修复断裂的连接，效果是根本性的，但重要他人可不是轻易就能遇到的，而且允许他人成为自己的一部分，需要一个过程，每一步都会面临诸多挑战。相较之下，玩耍疗法不仅容易操作，而且百试百灵，能够迅速、有效地提高安全感。

体质会决定精神品质。有些不安全感案例是治不好的，因为案主并非有什么精神层面的早期剥夺，而是身体层面本就是焦虑体质。他们天生血糖偏低，心率过速，肌肉乏力，植物神经紊乱，或容易心慌。体质可以影响人的精神，甚至人种的精神。MMPI（明尼苏达多相人格测验）中的抑郁量表（D）和精神分裂症量表（Sc）给中国人测试得分明显高于西方人，这和其他东方国家尤其是日本很像。

所以有一种心理学研究轻视心理本身，认为心理只是身体的附属品。“具身认知”主张：身体对于认知的形成起着决定性的作用，认知只是身体状态的反映，身体的解剖学结构、身体的活动方式、身体的感觉和动作体验决定了我们怎么认识和看待这个世界。斯金纳说：自由意志根本就不存在。雨果·闵斯特伯格（Hugo Munsterberg）说：肌肉感觉是觉知和意志的基础。威廉·詹姆斯说：情绪就是对身体经验的感受，身体是一个重要的中枢。每个细胞都有自己的喜怒哀乐，人格就是细胞人格之和。

这种观点非常有启发性。人的身体真的影响甚至决定精神的状况。

社会心理学家威尔斯和佩蒂（Wells，Petty，1980）报告了一个测试耳机舒适度的实验。被试首先听一段音乐，然后是广告商对这款耳机的推荐。73 名学生被随机分成 3 个组，一组摇头，一组点头，一组不需要移动头部，只需要简单地听和打分就行了。

统计结果显示，点头组给耳机打的分很高，而且赞同广告商的观点，其分值比另两个组要高得多，而摇头组则远低于其他两组。

点头的身体运动增强了积极的态度，而摇头的身体运动则强化了消极的态度，实验结果证明了具身认知的基本假设。

心理学家施特拉克（Stepper，Strack）用本科生作为被试，研究各种身体姿态对完成某种任务的影响。每次实验有6个被试参加，实验情境分为两种：第一种情境下，被试需要采用一种所谓"工效学姿势"，低头、耸肩、弯腰，给人一种垂头丧气的感觉；在第二种情境下，被试的姿态是腰背笔直、昂头挺胸，给人一种趾高气扬的感觉。为了防止被试的情绪互相影响，被试间是隔离起来的，相互看不到。接下来，被试根据实验者的要求完成一项复杂的任务。任务完成后，实验者夸赞被试干得不错，并支付相应报酬。

最后，被试要完成一个问卷，报告他们此时此刻的心境，是否为自己干得不错而感到骄傲。结果发现，前一种情境下的被试的骄傲感平均分为3.25，而后一种情境下是5.58。实验说明，情绪是具身的，比认知更加基础，身体及其活动方式对情绪和情感的形成有着重要的作用。

"心理"这种东西，看不见、摸不着，所以很多心理学家都喜欢从物理学中借用概念来解释心理现象，认为人有一种精神方面的能量场。

能量场强，人就感到安全；能量场弱，人就恐慌、焦虑、抑郁[1]。

心理能量场的基础是身体能量。

当身体能量池溢满，我们就说一个人“气血旺”，他 / 她就会有冒险精神，能够坚忍不拔。这就是青少年总喜欢冒险且固执的原因。身体能量池不足，人就“精血不足”，人就会无法坚持和努力、没有勇气、缺乏安全感、惧怕改变、恐惧未来等。有耐力、不服输等品质，其实在某种意义上来说根本不是什么精神力量，这些只是能量充足的表现，尤其是“身体能量”这个核心。

生理对心理的影响，往往是不由自主的、不知不觉的、由不得你的。

纽约城市大学布鲁克林学院的娜塔莉（Natalie A. Kacinik）副教授做了一个测验，她把 30 个本学校的本科生分成 3 组，在实验前让他们分别喝下 3 种不同口味的饮料：第 1 组喝的是果汁，第 2 组喝的是纯净水，第 3 组喝的是比特酒。

接下来实验者提供给所有被试相同的短片，让他们判断某些行为是否在道德上错误并打分，分数越高表明道德判断越严厉。

3 组人的分数有显著差异。第 1 组给出的平均分数比第 2 组

---

① 见卡尼曼（Kahneman）的能量分配模型，以及诺曼（Norman）和博布罗（Bobrow）的资源有限理论。

略高，第3组给的平均分数出奇地低，明显失之偏颇。

结果显示味觉可以影响道德判断，人们容易因为自己身体上的厌恶（嘴里发苦）而攻击他人的道德水平。

身体是精神品质的基础，而肌肉可以通过反复充血和休息得到锻炼，从而提高人的精神品质。当你的心脏和呼吸系统都得到了锻炼，你就会发现自己精力更充沛了，更积极向上了，耐力更好了，对生活也更有掌控力了，甚至更聪明了……

这种理论从科学指标上也是站得住脚的。运动员在定量负荷下的心率、血压、最大通气量、最大氧脉搏、无氧阈等和一般人都不同，神经的活跃程度、心脏的供血量、大脑的供血量、对身体的感知和控制能力也完全不同。这些指标都可以影响心境。

我们在有意调整心境的时候，大脑是无法命令最古老的经过千百万年进化的身体的，因为没有有效的语言，唯一能控制的就是呼吸。人的肺有两个足球那么大的空间，但平时我们并没有利用完全。深呼吸可以调整机体的节奏，首先吸气时间除以整个呼吸周期的时间，称为I值，其表示吸气所占时间比例，可以衡量一个人的机体节奏。这个值越小越好，一般人平静时的I值约为0.40～0.45，运动员的I值一般约为0.40，欢笑者约为0.23（这才是所谓的深呼吸，不仅吸得深、慢，而且吸气时间比呼气时间短得多），而在恐惧时则可上升到0.75～0.80。其次是呼吸的频率，频率越高，深度越低。比如在愤怒和惊恐的情绪下，呼吸频率可增至 40～60 次 / 分钟。

一般的行为疗法都会引入肢体练习，一练习就会改变呼吸。时间要够长，得出汗，要有间隔，最好隔一天一次。考试焦虑、舞台焦虑及其他焦虑和恐惧症，一般通过 3 个小时的练习，人就能够控制自己的情绪和表现。

玩耍是一种生理需要

对儿童来说，嬉戏是本能的冲动。同等地位的本能还包括饮水、呼吸等。凡是本能便是客观存在且不可遏制的。

“嬉戏”这种本能冲动，和吃饭、饮水等本能不太一样，所以吸引了大量的心理学家对其进行研究。霍尔的复演说称：游戏是远古时代人类祖先的生活特征在儿童身上的重演。彪勒的机能快乐说称：游戏是儿童从行动中获得机体愉悦的手段。拉扎勒斯称：游戏不是源于精力的过剩，而是来自放松的需要。博伊千介克的成熟说称：游戏是三种一般欲望的表现。第一，排除环境障碍获得自由，发展个体主动性的欲望；第二，适应环境，与环境一致的欲望；第三，重复练习的欲望。而我则说：人类天然地从取食中获得愉悦。玩耍是对取食行为的模拟，最接近幸福的本源。所以打猎特别有趣，尤其对男人来说，种植、采摘等获得食物的过程都是愉悦的。

这么多角度归总在一起，其实就是说：玩耍是儿童的本能需要，如同呼吸、饮水一般。

很多人都在研究游戏对儿童的作用，但似乎人们都忘了一件更加重要的事情：所有的本能需要都不会随着年龄的增长而消失。吃饭饮水的本能随着年龄的增长消失了吗？没有。同理，游戏也是成年人的本能需要。

如果你总觉得不舒服，不开心，也许是因为你忘记自己还有这样一个本能需要未被满足，你的身体在默默地发出抗议。当任何一项生理需要没有获得满足，安全感就成了空中楼阁，玩耍是其中最容易被忽略的一项。

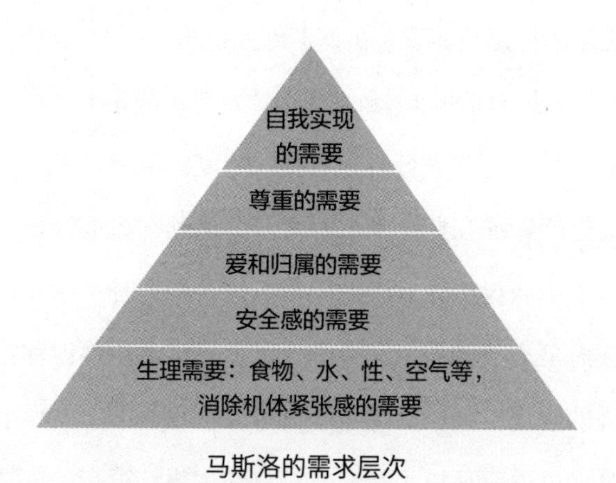

马斯洛的需求层次

中医说：“万病由汗解。”西医则会说：“尽情地玩耍时，人会出点汗，一出汗，人体就会分泌内啡肽—— 一种人体自己生成的类吗啡物质。”人为什么会对初恋念念不忘呢？那时快感达到峰值。内啡肽一经产生，就会促使人体内的多巴胺、5-羟色胺等单胺类神经递质活跃起来。那这些单胺是干什么用的呢？5-羟色胺影响对自己的评价。龙虾在争夺配偶的过程中，打输了一般就不再打了。但是如果给它注射5-羟色胺，它打输了就还打，打输了还打。总之，精神头很旺盛，否则一天大部分时间都提不起精神。

尽情地玩耍会让肌肉充血、饱满、发热，整个人变得非常兴奋。30～40分钟的中等强度的肢体游戏，效果就相当于一片盐酸氟西汀（口服抗抑郁药物）。

既然玩耍是本能需要，我们就该去让肌肉反复充血了；只是人成年之后，就忘了到底该怎么玩耍了，这可就麻烦了。

玩耍不是通常意义上的肢体练习。玩耍和嬉戏是以过程为主的，而非以目的为主，带着目的的练习会让很多人望而生畏，首先想到的是“目的”及“累”，所以“犯懒”，而不是“玩耍”和“愉悦”。带着任何目的的肢体练习，都不是嬉戏，人不仅不能享受它天然的欢愉，更无法提高安全感。如果运动需要调用“坚持”，比如我每天坚持跑步两千米，那这就已经不是玩耍了，安全感的提高成了空中楼阁。

请记住：玩耍只是玩。凡不是玩的，都无法满足你的本能需要。

有一种人会患“玩耍厌恶症”，也就是肌肉充血、运动神经兴奋的生理唤醒状态和某个创伤性事件相关连，所以恐惧情绪泛化了。

马翁就无论如何都运动不起来，自由联想的结果是：有一次他玩得正高兴，突然被母亲喝止，在众多小伙伴面前不断地被羞辱，所以他从心底害怕玩得很欢的那种感觉。每当肢体剧烈运动，他就仿佛闪回到当时被羞辱的那一幕，造成心律不齐[①]。又比如，雅彤对“汗水”这个词有一种本能的厌恶和排斥感，她喜欢做瑜伽，但绝对不会允许自己出汗。原来，她小时候在农村时，获得的核心信念中包括“只有庄稼佬才会流汗”，所以“汗水”对她来说代表“劳动”“脏”“累”“低贱工作”等，而不是肢体的尽情舒展。这种扭曲的认知真的是毁了她。

久远的负性体验中的恐惧泛化和核心信念中的扭曲认知，需要由做精神分析的咨询师来帮你解决一下，自己一般做不来。

嬉戏必须要有小伙伴才行。心理学家缪勒和范德研究了社会技能的发展之后发现，人只有在与同伴的交往中才能引起对自我的探索，并提高对外在世界的感受能力。家庭当中再好的环境、文化氛围等，都无法代替同伴之间的相互交流。

所以，周末约上小伙伴一起去玩吧，不管是去动物园、篮球场、水上乐园还是做短期的远行。形式并不重要，重要的只有两点：第一，它得是玩，你能够感受到本能的愉悦；第二，你可以找到和你志同道合的小伙伴一起。

---

① 因此马翁同时患有成功恐惧症。

07

认知模式[1]：搅动湖面是否可以扰动湖底？

人总会遭遇生活中的大小挫折，所以精神就发展出了防御机制，来抵御外来侵扰造成实质伤害。积极的防御机制包括“合理化”，用理智把挫折理顺，挖掘挫折事件的合理因素，从而将情绪消化掉，或把消极事件转化成积极事件。

认知主义反对弗洛伊德的理论，认为人的问题不是被早年生活经历影响的，所以不去追究那些经验对人目前的影响。认知主义不鼓励情绪宣泄，认为这会强化案主的问题，使其陷入自己的情绪困扰中而不能正视自己的问题。

---

① 在另一本书《马云、俞敏洪、潘石屹，他们跟你想的不一样》中，作者系统地总结了这种疗法。

它还反对行为主义的理论。行为主义认为正性事件就该引起正性情绪，负性事件就该引起负性情绪。但认知主义认为人的情绪不是由客观刺激引起的，外在事物并不会伤害我们，倒是我们自己对这些事物的信念与态度允许我们自己受到伤害。不良情绪的产生，不在于事件本身，只是因为人对事件做出了令人不快的解释。世上的事情本无所谓好坏，你之所以觉得不爽，全都是错误信念的错。案主开始可能认为问题都是外界引起的，自己是无辜的，但他必须领悟到引起不良情绪的不是负性事件，而是他自己的不合理信念，他应对自己的问题负责，所有人都有能力和权利使自己觉得很美好。

什么是“不合理信念”呢？举例来说，没涨工资是一件不愉快的事情，谁也不希望它发生，这是一种合理的想法，但同时“我就应该涨工资”也可能混于其中，这就是不合理信念，会导致不适应的负性情绪反应。“修通”就是指工作透入的过程。认知疗法中，修通指案主修正或放弃原有的不合理观念，从而使症状得以减轻或消除。

人可以选择让自己感到安全或不安，只要他愿意。这种主张听起来貌似非常诱人。

使用工具

认知主义使用的工具和作用的对象都是思维，而语言是思维的外壳和具体化。

语言是一种工具，它不是用来发泄情绪的，而是用来诱导情绪的。费尔滕（Velten，1968）发明过一种抑郁诱导程序，由 60 个情绪逐渐加重的句子组成，从相对轻微的“今天和其他日子一样不好不坏”到逐渐严重的“我感觉糟透了，真想睡过去永远不醒来”。被试大声朗读完这 60 个句子后，就能有效地诱导出暂时的抑郁体验。

认知主义认为：我们体验到的情绪并非客观事件本身引起的情绪，而是内化语言对事件和机体状态持续加工的结果。面对同一事件，到底该解读为什么情绪，由当事人自己来决定。

心理学家达顿做过一个实验，让漂亮的女助手在两座桥中央对往来的年轻男性进行名义上的问卷调查，做完调查后会给对方留下电话，暗示可以进一步交流。

一座桥是架在小溪上的木桥，另一座则是悬在溪谷上的吊桥，摇摇晃晃的桥面下几十米处是波涛汹涌的河面。结果几天之后，给女助理打电话的男性中，吊桥上的远比木桥上的多得多。

为什么会这样呢？原来，在危险状况下那种高度的生理唤醒状态，和恋爱时的感觉是一样的。同样是紧张和心跳加速，你认为自己是害怕，那情绪就是恐惧；你认为自己恋爱了，那情绪就是温柔甜蜜的。所以，“情绪＝生理唤醒＋认知标签”，该认知标签就是开关。人觉得自己这时候该兴奋还是该恐惧，是由自己说了算的。所以恋爱的时候一起去做一些刺激的事情，比如爬山、坐过山车、看恐怖电影等，都能让情侣迅速坠入爱河。

20 世纪 60 年代初期，美国心理学家沙赫特（Schachter）和辛格（Singer）提出，决定情绪的是三方面的因素：第一，个体体验到的高度生理唤醒，也就是心跳加快、呼吸急促、手出汗之类的；第二，情境线索，他会看这是个啥环境，我为啥会生理唤醒；第三，根据情境线索编造一个认知标签，如果旁边是个美女，他就说“好吧，我爱上她了”；如果旁边是个老虎塑像，他就说“好吧，我怕这只老虎”。

实验者给被试注射同一种药物，并告诉他们这是一种维生素，但实际上注射的是肾上腺素，一种对情绪具有广泛影响的激素（喜怒哀惧都由这种东西产生），效果就是心悸、手抖、脸发热等。所以，被试都处于一种典型的生理唤醒状态。

然后，实验者将被试分成 3 组，并做以下说明：

第 1 组：这种维生素会导致心悸、手抖、脸发热等。（正确告知）

第 2 组：这种维生素会让人身上发抖、手脚发麻，没别的反应。（错误告知）

第 3 组：啥也没说。（不告知）

然后把 3 个小组又各分为两组，分别进入两种实验环境中休息，这两种环境分别是惹人发笑的愉悦环境（因为这里有人在做滑稽表演）和惹人发怒的不愉悦环境（对被试横加指责并强词夺理，或者强迫被试回答烦琐的问题）。结果如下表：

被告知正确症状的第一组	进入愉悦环境的人	无情绪体验
	进入不愉悦环境的人	无情绪体验
被告知错误症状的第二组	进入愉悦环境的人	感到愉悦
	进入不愉悦环境的人	感到愤怒
没有任何告知的第三组	进入愉悦环境的人	感到愉悦
	进入不愉悦环境的人	感到愤怒

实验证明：对生理反应的解读决定了最后的情绪体验到底为何。

实际上，情绪是大脑对生理状态随机解读的结果。

我们的情绪并非由客观刺激引起，而是由认知标签引起的。在刺激和情绪之间，人可以选择任意的认知标签。无论发生什么事情，都是情绪高涨，没有正负之分，是负面情绪高涨还是正面情绪高涨取决于认知标签。客观结果是无法改变的，情绪是自己选择的。

没有任何一件坏事没有它的积极意义，也没有任何一件好事没有它的消极意义；揪住坏事的积极意义，就是认知疗法的精髓。举个例子来说：你失恋了？你很高兴，因为你终于可以开始寻找更好的人了；因为你终于可以暂时集中精力于工作上了；因为你终于可以不再忍受那个人爱花钱的臭毛病了。你可以自己来填下面这些空，根据你的实际情况来填。

我和她 / 他分手了，我很高兴，因为____________。

我挂科了，我很高兴，因为____________。

我钱包丢了，我很高兴，因为__________

或者用这句话：

我__________，我很高兴，因为__________。

你[1]__________，你很高兴，因为__________。

这就像设定一个编程，一个自我训练程序。只要时间、节奏跟得上，效果就很好。

RET 自助表[2]示例（失恋后）

诱发事件 A[3]：失恋，上周三女友 / 男友离开自己，和别人好了。

错误信念 B[4]：我那么爱她 / 他，可是她 / 他不再爱我。她 / 他做出这样的事，真的是太没良心了。老天这样对我，真的是太不公平了。

---

① 有些人用“你”来指称自己时，效果更好。
每个人独处时都会自我对话，然后在心里产生一个虚构的交谈对象并使其愈加形象化。当我们把自己当成被评价、被建议的对象时，自我对话就产生了。安东尼斯（Antonis Hatzigeorgiadis）说：“与自我对话时，是你自己在刺激、引导及评估自己。”
密歇根大学的一个研究小组对一些被试施加压力，让他们准备一次演讲，压力来自准备时间不足。一半被试被引导着使用“我为什么要紧张啊？”来进行思考，另一半被试则被告知用自己的名字或“你”来进行自我对话。演讲结束后，让其自我报告有多少遗憾、是否感到羞赧、做了多少自责。结果显示，与那些使用“我”这个字眼进行自我思考的人比起来，那些使用自己的名字或“你”的人遗憾更少，自责更少，而且他们表现得更加自信，更有说服力，更不紧张。

② “合理化”方式的一种。

③ 评估诱发事件：发生了什么？最后一次是什么时候？

④ 寻找引发不适当反应的不合理信念。

情绪反应 C[①]：我受到了伤害，感到伤心、愤怒、怨恨，有无能感、挫败感。

自我驳斥 D：

1. 是你希望她/他爱你，给你回报，还是她/他必须爱你？

2. 我是否有权力强迫她/他爱上我？如果我真有这种权力，那算不算强抢民女/民男？

3. 她/他会为自己的选择负责，凭什么由我来做法官去审判她/他呢？

新观念 E：

1. 世界上不是只有一个男人和一个女人。每个人都有自己的选择权，她/他有，我也有。

2. 我其实并非在乎她/他，而是在乎自己被抛弃的挫败感。

3. 分开了，对我也是一次机会，世上其他的好女人/男人有福了。

4. 失恋的人那么多，据说每个人平均要有八次恋爱才能找到最终的归宿，我还差五次呢。

5. 感谢老天赐给我这个机会，我终于可以专心下来，把之前

① 评估事件导致的情绪：哪些情绪是我不想要的？强度如何？

落下的工作补上了。

新的感受 F：

1. 我感到心情不那么波动了。
2. 我感到爱情前途很光明了。
3. 我感到能够对工作全力以赴了。
4. 我感到重新获得久违的自由了。
5. 我感到经济压力减轻了。

认知疗法的误区

有人会说："这种方法好像有点自欺欺人的感觉。"这是第一个误区，从形式上看它的确很像阿 Q 的精神胜利法，而且同样有效。为什么有效呢？阿 Q 是永远得意的，在利益格局已经固化的年代，他不成功是理所当然的。在那种严酷的生存环境中，试问还有谁能够像阿 Q 一样保持自己精神的完整？阿 Q 住在破庙里也安全感十足，精神上没有问题，他只不过是生不逢时，如果换一个时代，阿 Q 也许就是另一个马云；放在清朝，那就是韦小宝。金庸曾说他写韦小宝这个人物时常想起阿 Q 的精神胜利法。阿 Q 的精神胜利法非常有效。

第二个误区，是“认知疗法＝精神胜利法”。阿Q的精神胜利法虽然能够维持他的精神完整，但只是他一种无可奈何的自我安慰，毕竟鲁迅不是心理学家，他总结出来的东西一定会有所偏差。认知疗法首先强调的就是不可随意捏造理由，而要真实的理由。“我挂科了。我很高兴，因为老师偏心。”这就是个不太真实的理由，就跟“儿子打老子”一样不真实，连自己都不相信的理由，是无法让情绪真正改变的。“我挂科了。我很高兴，因为我终于有机会反思自己的学习节奏了。”这就是真理由，会真正调整情绪，产生积极效果。

幼稚的人容易夸大认知的作用，世故的人则容易轻视认知的作用。年轻人容易头脑发热，觉得知道一个道理就肯定能做到。比如他知道努力的重要性，那么就认为自己一定能努力起来，全然不考虑其他诸如失败成瘾症等更加根本的问题，结果一旦努力不起来，就又容易自罪自责、自暴自弃。这就是幼稚的人会犯的错误。如果你失恋了，你的妈妈可能会告诉你：“那个姑娘怎么配得上我的儿子啊?！有什么好难过的！”这就是幼稚的人，她夸大了认知改变的效果，方法不当，节奏也不对，情绪也不对。轻率地试图说服自己或他人相信有效的理性信念或哲学观，作用往往不大，甚至是南辕北辙。

自作聪明的人知道，改变语言和改变思想是两码事。他们轻视语言的作用，因为经过他们的实践，这种自我说服的方法其实是无效的。根据调查，相当多的美国人对认知疗法持怀疑态度，对他们来说，要完成这种源于忏悔模式的心理治疗几乎是不可能的。

的确，从认知层面对人格进行扰动，效果总是有限的，就像搅动湖面而企图扰动湖底。但是，这种扰动也是最安全的，只要重复次数够多、力度够大，效果也是可见的。

要起效果，每一个步骤都是不能随便跳过去的，一定要仔细思考并认真填出来，而且说出来。语言必须得说出来，才会起到工具的效果，就像抑郁诱导一样。

认知疗法需要时间，一般总得30～60秒才会开始有效果，就像自信训练，你光是浏览一遍训练方法，那没用，咨询师会陪你做够一定量的时间，够了一定的量，效果才会初显。

最后就是复发的问题。负面情绪和错误认知总会在一段时间后卷土重来，这是否说明尝试这种方法就是浪费时间呢？认知的改变往往不是一劳永逸地直线形进行的，而是螺旋形、波浪式前进的，不合理信念与不健康的负性情绪往往会像野草一样经常复发，所以要准备好处理故态复萌时的情况。艾利斯在创立理论时，对此提出了各种建议：

1. 接受自己故态复萌，这是很正常的。这不是可耻的，也不是一种失败，你可以把它看作人性弱点的一部分。

2. 这种倒退是我们不喜欢的，但并非不好的，所以不必因此自责自罪，更不能因此评价自己的人格。不管退到何种程度，你都应该接受，并且相信自己完全可以再进步。

3. 必须把这种方法应用到生活中去，并逐渐建立一套合理的哲学体系。

内在的圆融

我们懂得那么多大道理，却依然过不好这一生。

——匿名

认知疗法的目标有两个：第一个是症状层面，降低案主各种不良的情绪体验，让他带着较低的焦虑、抑郁（自责倾向）和敌意（责他倾向）去生活，进而帮助他拥有一个较现实、较理性、较宽容的人生哲学；第二个是完美目标，指向哲学层面的升华，使人在生活中减少情绪困扰和自我挫败行为，从而产生更长远、更深刻的变化。

不过，要建立一套圆融的哲学体系，并不是一朝一夕可以完成的。那些高僧大德，也许一辈子只参透过一件事情，比如“痴”，然后成佛。而孔子很年轻就悟出了“仁”的真谛，但是到70岁才做到，也就是将“仁”内化进自己的人格，达到完整圆融的状态，“从心所欲，不逾矩”。

从这个侧面讲，认知疗法的完美目标，确实有点悲观色彩。而且，认知疗法并不会改变安全感的锚点，它只是能够让波动的安全感迅速恢复到锚点，在这种暂时性的问题上，它比其他任何方法都更加有效。

修通：人格的再构成

像重生一样活着，就像第一次没有活好。（Live as if you were living a second time，and as though you had acted wrongly the first time.）

——维克多·弗兰克尔（Viktor Frankl）[1]

声明几点：第一，人的精神受生物、心理、社会等诸多层面的影响，所以，心理治疗是有局限性的，人们的改变也是有局限性的。

第二，所有的心理治疗方法都有其自身的局限性。心理学不像物理学、化学等一样，心理学中没有定律、定理等，可以解释99.99%以上的现象。每个学派的理论主张，如果有30%的解释量，就能够名垂千古了。借用高铭说《梦的解析》的话：弗洛伊德对于梦境的解析都是牵强的，正确率只有30%，很多方式错误且无效。

---

① 奥地利是个出心理学家的地方。弗兰克尔和弗洛伊德是同乡，出生于奥地利，也是校友，他也获得了维也纳大学的医学博士学位。他研究"生命的意义"。

但弗洛伊德是目前已知效果最好的，至今还没有人能超越他。所以诸多主张中，应该会有和你的情况相吻合的，但要说完全吻合，那就不太可能。

第三，心理咨询分为咨询过程和家庭作业。本书所列举的方法，大部分是咨询师会布置的家庭作业部分。它们并不单独成立，组合起来才会产生可感知的、实际的效果。

第四，如果使用了这些方法仍收效甚微，请求助于咨询师或治疗师。

CHAPTER 5

五大科学心理量表

安全感有一个锚点，不会随着生活的起伏而变化，安全感永远都在向它的锚点回归。

01

焦虑自评量表[①]

这些都是经常用到的比较简单的心理量表。你可以试测一下，测量结果仅作参考。如果发现了问题或者解释不清，还得请你在心理医生的指导下进行更科学的测量和诊断。

---

① 由《国家职业资格培训教程·心理咨询师：三级》第三章第三节第三单元量表整理而成。

No.	项目	很少会	有时会	常常会	总是会
1	我感到紧张或焦虑	1	2	3	4
2	我没有理由地感到担心	1	2	3	4
3	我容易着急或恐慌	1	2	3	4
4	我觉得自己可能会疯掉	1	2	3	4
5*	我觉得一切都很好，也不会发生什么不幸	4	3	2	1
6	我手脚发抖	1	2	3	4
7	我有头痛、颈痛或背痛	1	2	3	4
8	我感觉虚弱，容易疲劳	1	2	3	4
9*	我觉得平静，能安然地坐着	4	3	2	1
10	我觉得心脏跳得很快	1	2	3	4
11	我感到头脑昏沉，迷迷糊糊	1	2	3	4
12	我感觉发晕，或觉得要晕倒似的	1	2	3	4
13*	我感觉呼吸很容易	4	3	2	1
14	我感到手指 / 脚趾麻或痛	1	2	3	4
15	我的胃痛或消化不良	1	2	3	4
16	我小便频繁	1	2	3	4
17*	我的手常常是干燥温暖的	4	3	2	1
18	我脸红发热	1	2	3	4
19*	我容易入睡且休息得很好	4	3	2	1
20	我做噩梦	1	2	3	4

计分：

标★的 5、9、13、17、19 题反向计分，将各题分数相加，得到一个分数；将这个分数（满分 80 分）乘以 1.25 变成百分制分数（取整数部分）。

结果解释：本测验分数越高，焦虑值越高，安全感越低。

49 分及以下，没有焦虑问题；

50～59 分，轻度焦虑；

60～69 分，中度焦虑；

70 分及以上，极度焦虑，非常危险。

02

抑郁自评量表[①]

No.	项目	很少会	有时会	常常会	总是会
1	我觉得闷闷不乐，情绪低沉	1	2	3	4
2*	我觉得一天中，早晨最好	4	3	2	1
3	我一阵阵哭出来或觉得想哭	1	2	3	4
4	我晚上睡眠不好	1	2	3	4
5*	我吃得跟平时一样多	4	3	2	1
6*	我与异性密切接触时和以往一样感到愉悦	4	3	2	1
7	我发觉我的体重在下降	1	2	3	4
8	我有便秘的苦恼	1	2	3	4

① 由《国家职业资格培训教程·心理咨询师：三级》第三章第三节第二单元量表整理而成。

续表

No.	项目	很少会	有时会	常常会	总是会
9	我的心跳比平常快	1	2	3	4
10	我无缘无故地感到疲乏	1	2	3	4
11⋆	我的头脑和平常一样清楚	4	3	2	1
12⋆	我觉得经常做的事情并没有困难	4	3	2	1
13	我觉得不安而平静不下来	1	2	3	4
14⋆	我对未来抱有希望	4	3	2	1
15	我比平常容易生气、激动	1	2	3	4
16⋆	我觉得做出决定是容易的	4	3	2	1
17⋆	我觉得自己是个有用的人，有人需要我	4	3	2	1
18⋆	我的生活过得很有意思	4	3	2	1
19	我认为如果我死了，别人会生活得更好	1	2	3	4
20⋆	平常感兴趣的事，我仍然感兴趣	4	3	2	1

计分：

标★的 2、5、6、11、12、14、16、17、18、20 题反向计分，将各题分数相加，得到一个分数；将这个分数（满分 80 分）乘以 1.25 变成百分制分数（取整数部分）。

结果解释：本测验分数越高，抑郁值越高，安全感越低。

52 分及以下，没有抑郁问题；

53～62 分，轻度抑郁；

63～72 分，中度抑郁；

73 分及以上，重度抑郁，非常危险。

03

症状自评量表[①]

指导语： 下表中列出了有些人可能有的症状或问题，请仔细阅读每一条，然后选择与您自己的实际情况相符合的程度（最近一个星期或现在）。其中，“描述”包括症状所致的痛苦和烦恼，也包括症状造成的心理社会功能损害；“轻、中、重”等没有硬性规定，以自己的主观体验为准。

没有＝自觉无该项症状（问题）；

很轻＝自觉有该项症状，但发生得并不频繁，并无实际影响或影响轻微；

① 正式名称为“90 项症状清单”。由《国家职业资格培训教程·心理咨询师：三级》第三章第三节第一单元以及《国家职业资格培训教程·心理咨询师：二级》第三章第三节第三单元量表整理而成。

中度＝自觉常有该项症状，有一定影响；

偏重＝自觉常有该项症状，有相当程度的影响；

严重＝自觉该症状的频率和强度都十分严重，影响严重。

注意：评定的是“最近一个星期”或“现在”的实际感觉。

NO.	描述	没有	很轻	中度	偏重	严重
1	头痛	1	2	3	4	5
2	神经过敏，心中不踏实	1	2	3	4	5
3	头脑中有不必要的想法或字句盘旋	1	2	3	4	5
4	头晕或晕倒	1	2	3	4	5
5	对异性的兴趣减退	1	2	3	4	5
6	对旁人求全责备	1	2	3	4	5
7	感到别人能控制你的思想	1	2	3	4	5
8	责怪别人制造麻烦	1	2	3	4	5
9	忘性大	1	2	3	4	5
10	担心自己衣饰的整齐及仪态的端正	1	2	3	4	5
11	容易烦恼和激动	1	2	3	4	5
12	胸痛	1	2	3	4	5
13	害怕空旷的场所或街道	1	2	3	4	5
14	感到自己的精力下降，活动减慢	1	2	3	4	5
15	想结束自己的生命	1	2	3	4	5
16	听到旁人听不到的声音	1	2	3	4	5
17	发抖	1	2	3	4	5
18	感到大多数人都不可信任	1	2	3	4	5

续表

NO	描述	没有	很轻	中度	偏重	严重
19	胃口不好	1	2	3	4	5
20	容易哭泣	1	2	3	4	5
21	同异性相处时感到害羞不自在	1	2	3	4	5
22	感到受骗、中了圈套或有人想抓住你	1	2	3	4	5
23	无缘无故地突然感到害怕	1	2	3	4	5
24	不能控制地发脾气	1	2	3	4	5
25	怕单独出门	1	2	3	4	5
26	经常责怪自己	1	2	3	4	5
27	腰痛	1	2	3	4	5
28	感到难以完成任务	1	2	3	4	5
29	感到孤独	1	2	3	4	5
30	感到苦闷	1	2	3	4	5
31	过分担忧	1	2	3	4	5
32	对事物不感兴趣	1	2	3	4	5
33	感到害怕	1	2	3	4	5
34	感情容易受到伤害	1	2	3	4	5
35	旁人能知道你的私下想法	1	2	3	4	5
36	感到别人不理解你、不同情你	1	2	3	4	5
37	感到人们对你不友好，不喜欢你	1	2	3	4	5
38	做事必须做得很慢以保证做得正确	1	2	3	4	5
39	心跳得很厉害	1	2	3	4	5
40	恶心或胃部不舒服	1	2	3	4	5
41	感到比不上他人	1	2	3	4	5
42	肌肉酸痛	1	2	3	4	5

续表

NO	描述	没有	很轻	中度	偏重	严重
43	感到有人在监视你、谈论你	1	2	3	4	5
44	难以入睡	1	2	3	4	5
45	做事必须反复检查	1	2	3	4	5
46	难以做出决定	1	2	3	4	5
47	怕乘电车、公共汽车、地铁或火车	1	2	3	4	5
48	呼吸有困难	1	2	3	4	5
49	一阵阵发冷或发热	1	2	3	4	5
50	因为感到害怕而避开某些东西、场合或活动	1	2	3	4	5
51	脑子变空了	1	2	3	4	5
52	身体发麻或刺痛	1	2	3	4	5
53	喉咙有梗塞感	1	2	3	4	5
54	感到没有前途、没有希望	1	2	3	4	5
55	不能集中注意力	1	2	3	4	5
56	感到身体的某一部分软弱无力	1	2	3	4	5
57	感到紧张或容易紧张	1	2	3	4	5
58	感到手或脚发重	1	2	3	4	5
59	想到死亡的事	1	2	3	4	5
60	吃得太多	1	2	3	4	5
61	当别人看着你或谈论你时感到不自在	1	2	3	4	5
62	有一些不属于你自己的想法	1	2	3	4	5
63	有想打人或伤害他人的冲动	1	2	3	4	5
64	醒得太早	1	2	3	4	5
65	必须反复洗手、点数目或触摸某些东西	1	2	3	4	5
66	睡得不稳、不深	1	2	3	4	5

续表

NO	描述	没有	很轻	中度	偏重	严重
67	有想摔坏或破坏东西的冲动	1	2	3	4	5
68	有一些别人没有的想法或念头	1	2	3	4	5
69	感到对别人神经过敏	1	2	3	4	5
70	在商店或电影院等人多的地方感到不自在	1	2	3	4	5
71	感到任何事情都很困难	1	2	3	4	5
72	一阵阵恐惧或惊恐	1	2	3	4	5
73	感到在公共场合吃东西很不舒服	1	2	3	4	5
74	经常与人争论	1	2	3	4	5
75	单独一人时神经很紧张	1	2	3	4	5
76	别人对你的成绩没有做出恰当的评价	1	2	3	4	5
77	即使和别人在一起也感到孤独	1	2	3	4	5
78	感到坐立不安、心神不定	1	2	3	4	5
79	感到自己没有什么价值	1	2	3	4	5
80	感到熟悉的东西变得陌生或不像是真的	1	2	3	4	5
81	大叫或摔东西	1	2	3	4	5
82	害怕会在公共场合晕倒	1	2	3	4	5
83	感到别人想占你的便宜	1	2	3	4	5
84	为一些有关“性”的想法而很苦恼	1	2	3	4	5
85	你认为应该因为自己的过错而受到惩罚	1	2	3	4	5
86	感到要赶快把事情做完	1	2	3	4	5
87	感到自己的身体有严重问题	1	2	3	4	5
88	从未感到和其他人很亲近	1	2	3	4	5
89	感到自己有罪	1	2	3	4	5
90	感到自己的脑子有毛病	1	2	3	4	5

说明：该量表的90个项目，囊括了感觉、情感、思维、意识、行为、生活习惯、人际关系、饮食睡眠等方面，用10个因子分别反映10个方面的心理症状情况，具有容量大、反映症状丰富、能准确刻画被试自觉症状的特点。如果在某个或某些因子上的得分较高，感觉频率和强度都比较严重，就应该注意在这个方面的问题了。

需要注意的是，由于自评量表测量的是个体在一段时间内感觉到的频率和强度，所以并不是得分高就一定说明个体出现了严重的问题，某些因子得分较高有可能只是由于个体当时遇到了一些难题，如失恋、考试、生病等。所以，得分高并不能说明一定有心理问题。要做出诊断，必须进行更加详细的测试并参照相应问题的诊断标准。

该量表的10个因子包括：

1. 躯体化因子，主要反映身体的不适感，比如心血管、胃肠道、呼吸和其他系统的不适，头痛、背痛、肌肉酸痛，以及焦虑的其他躯体表现，包括1、4、12、27、40、42、48、49、52、53、56、58，共12项。

2. 强迫症状因子，反映强迫症状群，主要指明知没有必要，但又无法摆脱的无意义的思想和行为，包括3、9、10、28、38、45、46、51、55、65，共10项。

3. 人际关系敏感因子，反映个人不自在感、自卑感、心神不安、不良自我暗示、消极期待等，尤其是在与其他人相比较时更加突出，包括6、21、34、36、37、41、61、69、73，共9项。

4. 抑郁因子，反映抑郁症状群，包括5、14、15、20、22、26、29、30、31、32、54、71、79，共13项。

抑郁以苦闷的情感和心境为代表性症状，另外还包括生活兴趣的减退、缺乏动力、丧失活力、悲观失望，甚至死亡思想和自杀观念等。

抑郁程度较低则表现为生活态度乐观积极、充满活力、心境愉快等。

5. 焦虑因子，反映焦虑症状群，包括2、17、23、33、39、57、72、78、80、86，共10项。

焦虑以易烦躁、坐立不安、紧张和神经过敏、震颤为主要症状，极端时可能导致惊恐发作。

不易焦虑，即可表现出安定的状态。

6. 敌对因子，反映在思维、情绪和行为上的敌对表现，比如好争论、脾气难以控制等，包括11、24、63、67、74、81，共6项。

敌对性较低，说明个体的脾气温和，待人友好，不喜欢争论，无破坏行为。

7. 恐怖因子，反映恐惧症状群，包括13、25、47、50、70、75、82，共7项。

引起恐怖的因素包括广场、人群、社交、交通工具、幽闭空间等，个体容易对一些场所和物体发生恐惧，并伴有明显的躯体症状。

8. 偏执因子，包括8、18、43、68、76、83，共6项。

偏执是个十分复杂的概念。偏执症状包括易猜疑、敌对、易走极端等，并表现为思维方面的投射性思维、敌对、猜疑、关系妄想、被动体验与夸大等。

9. 精神病性因子，包括幻听、思维播散、被控制感、思维被插入等反映精神分裂样症状的项目，包括 7、16、35、62、77、84、85、87、88、90，共 10 项。

10. 其他因子，包括 19、44、59、60、64、66、89 共 7 项未能归入上述因子的项目，反映睡眠及饮食情况。

结果解释：

1. 总分

总分超过 160 分，或阳性项目（题目分数大于等于 2）数超过 43 项，需进一步检查阳性因子。

2. 因子分

当个体的某一因子均分（该因子总分 / 项目数）大于等于 2 时，个体在该方面就很可能有心理健康方面的问题。

04

生活压力自检表[1]

作答说明： 生活压力自检表有一个根本性的前提假定：任何形式的生活变化都需要个体动员机体的应激资源去做出新的适应，因而会产生紧张。所以正性事件和负性事件都是生活压力。

仔细阅读表中的每种生活事件，在生活转变值栏填上相应的分数，以丧偶 100 分、结婚 50 分为参照标准。在次数栏内写下去年经历这件事的次数。

把该事件的生活转变值和次数相乘，把得数写在压力分数栏内，最后将各项分数相加即为去年一年的生活压力总分。

---

① 正式的名称是“社会再适应量表”（SRRS）。

生活事件	生活转变值	去年经历的次数	压力分数
丧偶	100		
结婚	50		
恋爱 / 订婚			
失恋			
夫妻感情不和			
分居			
离婚			
婚姻 / 恋爱关系恢复			
自己或配偶怀孕			
自己或配偶流产			
性方面的困难 / 独身			
和配偶争执的次数改变			
自己或配偶有外遇			
父母不和			
子女离家①			
家庭增加新成员②			
亲人死亡或重病			
好友死亡			
亲人间的纠纷			
家人相聚次数改变③			
子女升学或就业困难			
自己受伤或生病			
欠债 500 元以上			

① 如结婚、读大学。
② 如添了孩子。
③ 变多或变少。

续表

生活事件	生活转变值	去年经历的次数	压力分数
贷款或房贷			
家庭经济困难			
经济状况显著改善			
暂停工作			
退休			
待业 / 无业			
开始就业			
晋升 / 提干			
个人有突出的成就			
配偶开始或停止工作			
对现在的工作不满意			
工作（学习）压力大			
工作时间或状况改变			
与同事、邻居不和			
与上司不和			
被人误会、错怪、诬告、议论			
住房紧张			
转学			
搬家			
饮食习惯改变			
朋友圈改变			
睡眠习惯改变			
信仰改变			
轻度违法			
丢钱 / 东西			
介入民事纠纷			

续表

生活事件	生活转变值	去年经历的次数	压力分数
被拘留 / 受审			
意外惊吓、发生事故、自然灾害			
其他 1			
其他 2			
其他 3			

生活压力总分：

去年的总分超过 200，今年发生疾病的概率增高，如果超过 300 分，今年发生疾病的可能性达到 70%。

美国人量表中的压力指数也许可以给你些参考意见。

生活事件	压力指数
1. 配偶死亡	**100**
2. 离婚①	**73**
3. 分居	**65**
4. 入狱	**63**
5. 亲人死亡	**63**
6. 自己受伤或生病	**53**
7. 结婚②	**50**
8. 被开除	**47**

① 美国人对恋爱、失恋这种事情很不在意，所以未列失恋一项，作者个人感觉这一项大抵应相当于中国人的失恋。

② 这一项大抵相当于中国人的恋爱。

续表

生活事件	压力指数
9. 婚姻复合	45
10. 退休	45
11. 家人健康的改变	44
12. 怀孕	40
13. 性方面的困难或障碍	39
14. 新生儿诞生	39
15. 工作变动	39
16. 经济状况改变	38
17. 好友死亡	37
18. 转行	36
19. 和配偶争执的次数改变	35
20. 贷款 1 万美元以上	31
21. 丧失抵押物赎取权	30
22. 工作职务的改变	29
23. 子女离家	29
24. 吃官司	29
25. 个人有杰出的成就	28
26. 配偶开始或停止工作	26
27. 开始或停止上学	26
28. 生活水平改变	25
29. 个人习惯上的修正	24
30. 与上司不和	23
31. 工作时数或工作条件改变	20
32. 搬家	20

续表

生活事件	压力指数
33. 转学	**20**
34. 娱乐休闲方式的改变	**19**
35. 信仰活动的改变	**19**
36. 朋友圈改变	**18**
37. 贷款少于 1 万美元	**17**
38. 睡眠习惯改变	**16**
39. 家人相聚次数改变[①]	**15**
40. 饮食习惯改变	**15**
41. 放假	**13**
42. 圣诞节	**12**
43. 轻度违法[②]	**11**

① 变多或变少。
② 如交通违规等。

05

大五人格问卷[1]

说明

情绪稳定性：得分高的人比得分低的人更容易因为日常生活的压力而感到心烦意乱。得分低的人多表现出自我调适良好，不易于出现极端反应。

社交性：它一端是极端外向，另一端是极端内向。外向者爱交际、精力充沛、乐观、友好和自信；内向者的这些表现则不突出，但这并不等于说他们就是以自我为中心和缺乏精力的，他们偏向于含蓄、自主与稳健。

---

① 由《为什么疯子比常人更容易成功》“大五人格”心理测试整理而成。

开放性：指对经验持开放、探求的态度，而不仅仅是一种人际意义上的开放。得分高的人不墨守成规、独立思考；得分低的人多数比较传统，喜欢熟悉的事物多过喜欢新事物。

宜人性：得高分的人乐于助人、可靠、富有同情心；而得分低的人多抱有敌意，为人多疑。前者注重合作而不是竞争，后者喜欢为了自己的利益和信念而争斗。

身心一致性：指我们如何自律、控制自己。处于维度高端的人做事有计划、有条理，并能持之以恒；居于低端的人马虎大意，容易见异思迁，不可靠。

指导语：在以下的每个数字号表中，指出你最想描述自己的分数。假使态度中等，就将记号打在中间分数。

1.	迫切的	5	4	3	2	1	冷静的
2.	群居的	5	4	3	2	1	独处的
3.	爱幻想的	5	4	3	2	1	现实的
4.	礼貌的	5	4	3	2	1	粗鲁的
5.	整洁的	5	4	3	2	1	混乱的
6.	谨慎的	5	4	3	2	1	自信的
7.	乐观的	5	4	3	2	1	悲观的
8.	理论的	5	4	3	2	1	实践的
9.	大方的	5	4	3	2	1	自私的
10.	果断的	5	4	3	2	1	开放的
11.	泄气的	5	4	3	2	1	乐观的

续表

12.	外显的	5	4	3	2	1	内隐的
13.	跟从想象的	5	4	3	2	1	服从权威的
14.	热情的	5	4	3	2	1	冷漠的
15.	自制的	5	4	3	2	1	易受干扰的
16.	易难堪的	5	4	3	2	1	老练的
17.	开朗的	5	4	3	2	1	冷淡的
18.	追求新奇的	5	4	3	2	1	追求常规的
19.	合作的	5	4	3	2	1	独立的
20.	喜欢秩序的	5	4	3	2	1	适应喧闹的
21.	易分心的	5	4	3	2	1	镇静的
22.	保守的	5	4	3	2	1	有思想的
23.	适于模棱两可的	5	4	3	2	1	适于轮廓清楚的
24.	信任的	5	4	3	2	1	怀疑的
25.	守时的	5	4	3	2	1	拖延的

计分：

找出每组你所选择的数字，并求和。

情绪稳定性原始分＝第 1 行 + 第 6 行 + 第 11 行 + 第 16 行 + 第 21 行。在转换表中“情绪稳定性”一列找出对应原始分的标准分。

社交性原始分＝第 2 行 + 第 7 行 + 第 12 行 + 第 17 行 + 第 22 行。在转换表中“社交性”一列找出对应原始分的标准分。

开放性原始分＝第 3 行 + 第 8 行 + 第 13 行 + 第 18 行 + 第 23 行。

在转换表中“开放性”一列找出对应原始分的标准分。

宜人性原始分＝第 4 行 + 第 9 行 + 第 14 行 + 第 19 行 + 第 24 行。在转换表中“宜人性”一列找出对应原始分的标准分。

身心一致性原始分＝第 5 行 + 第 10 行 + 第 15 行 + 第 20 行 + 第 25 行。在转换表中“身心一致性”一列找出对应原始分的标准分。

得分转换表

情绪稳定性	社交性	开放性	宜人性	身心一致性	标准分
					80
		25			79
					78
22					77
		24			76
					75
					74
21		23			73
	25				72
			25		71
20	24	22			70
				25	69
			24		68
	23	21		24	67
19					66

续表

情绪稳定性	社交性	开放性	宜人性	身心一致性	标准分
	22		23	23	65
		20			64
				22	63
18	21	19	22		62
				21	61
	20				60
17		18	21	20	59
					58
	19				57
		17			56
16	18		20	19	55
		16	19		54
					53
	17			18	52
15					51
	16	15	18	17	50
					49
14	15			16	48
		14	17		47
	14			15	46
		13			45
13			16	14	44
	13				43
		12			42

续表

情绪稳定性	社交性	开放性	宜人性	身心一致性	标准分
			15	13	41
12	12	11			40
					39
			14	12	38
	11	10			37
11					36
	10		13	11	35
		9			34
10	9			10	33
			12		32
		8			31
	8			9	30
9			11		29
	7	7		8	28
			10		27
	6			7	26
8		6			25
			9	6	24
					23
		5			22
7					21
	5		8		20
情绪稳定性＝	社交性＝	开放性＝	宜人性＝	身心一致性＝	标准分

大五位置解释表

低端	中间	高端
强情绪稳定性 安全的、镇静的、理性的、感觉迟钝的、无负罪感的	有活力的　敏感的　易反应的 35　45　55　65	**弱情绪稳定性** 兴奋的、忧虑的、警觉的、高度紧张的
低社交性 独立的、保守的、难打交道的、阅读艰难的	内向的　中性的　外向的 35　45　55　65	**高社交性** 确信的、社交性的、热情的、乐观的、健谈的
低开放性 保守的、实践的、有效率的、专业的、有知识深度的	保守的　温和的　开拓的 35　45　55　65	**高开放性** 兴趣广泛的、好奇的、自由的、追求新奇的
低宜人性 怀疑的、攻击性的、坚韧的、自私自利的	挑战的　调停的　容纳的 35　45　55　65	**高宜人性** 信任的、谦虚的、合作的、坦白的、不喜冲突的
低身心一致性 自发的、无组织的	灵活的　平衡的　专注的 35　45　55　65	**高身心一致性** 依附的、有组织的、有原则经验的、谨慎的、固执的

Tips:

安全感≠钱包的厚度

1891 年，查尔斯 · 威尔士连续 5 次押中红色 5 号导致蒙特卡洛大赌场破产，但幸运的查尔斯后来是在债台高筑的情况下酗酒而死的。人们总试图用安全代替安全感，但横财往往就是横祸，过早地拥有太多金钱的确可以摧毁一些人。安全感有一个锚点，不会随着生活的起伏而变化，安全感永远都在向它的锚点回归。

安全感是可触可摸、实打实的存在

马斯洛的安全感量表可以测出人的安全感分值，只有得分在 37～50 的读者才会发现阅读本书对自己有些帮助。

无意识动机：爱无能和被爱无能

人们总会伤害他们所爱的人，人们也会爱上被他们伤害的人，其间人是没有觉知的。弗洛伊德发现了无意识动机的存在，比如有个女人嫁过 3 次，每个丈夫都在婚后不久身染重病，并且临终前都得由她来照料。

孤独的反义词是连接

人的问题有个很有意思的地方，那就是滞后反应，前期会铺垫一些事情，当时不会显现出来，到后期才会显现出来。那些让我们感到被关注、被需要、被认同、被接受、被包容，并给我们正确反馈的重要他人在哪儿呢？物理上的暂时缺席，说明精神上的持久在场。

我们懂了那么多道理，还是过不好这一生

认知主义最大的缺点就是不见得对任何情况都有效，而且最常见的就是有效那么一小会儿，当下作用非常明显，持续效果一般没有。要改变认知模式，将道理内化进人格，孔子用了 70 年。

人其实是抗拒成长的

成长是一个痛苦的过程，所以人们其实是逃避成长的，人们会同时热爱和恐惧自己最好的机会，无一例外对成长怀着极其矛盾的心理，既爱又怕。

图书在版编目（CIP）数据

向内寻找：重塑你的安全感 / 马晓佳著．-- 长沙：湖南文艺出版社，2023.1
ISBN 978-7-5726-0916-9

Ⅰ．①向… Ⅱ．①马… Ⅲ．①安全心理学—通俗读物 Ⅳ．① X911-49

中国版本图书馆 CIP 数据核字（2022）第 198716 号

上架建议：畅销・心理学

XIANG NEI XUNZHAO: CHONGSU NI DE ANQUANGAN
向内寻找：重塑你的安全感

著　　者：马晓佳
出 版 人：陈新文
责任编辑：匡杨乐
监　　制：毛闽峰
特约策划：张若琳
特约编辑：赵志华
特约营销：刘　珣　焦亚楠
封面设计：介末设计
版式设计：李　洁
内文插图：壹零腾 OTEN
出　　版：湖南文艺出版社
　　　　（长沙市雨花区东二环一段 508 号　邮编：410014）
网　　址：www.hnwy.net
印　　刷：三河市天润建兴印务有限公司
经　　销：新华书店
开　　本：680mm × 955mm　1/16
字　　数：196 千字
印　　张：18
版　　次：2023 年 1 月第 1 版
印　　次：2023 年 1 月第 1 次印刷
书　　号：ISBN 978-7-5726-0916-9
定　　价：56.00 元

若有质量问题，请致电质量监督电话：010-59096394
团购电话：010-59320018